心动力、新起点
——大学新生心理适应

主编 张 强 杨惠琴 赵 文
陈玉芳 尚丽萍

科学出版社
北 京

内 容 简 介

本书以积极心理学为导向，引领学生从进校开始，就着眼于认识自我、规划自我、管理自我、发展自我，并在这一过程中主动培养和塑造爱、创新、坚持、行动力等积极的心理品质，朝着一个更好的自己不断前行。全书运用生动有趣的故事、深入浅出的解析、行之有效的方法、丰富多样的练习帮助学生解读各种成长性问题，并通过方法指导和练习实践，使问题化解于萌芽之中，防患于未然。全书主要聚焦于帮助学生面对和解决大学生活适应、自我认识、生命教育、情绪管理、人际关系、恋爱、生涯管理七个大学阶段的重要议题。

本书所涉及的内容可用于指导高校学生心理成长类课程的开展，同时也可用作青少年培训、企事业单位员工培训、心理教育与服务等领域工作的参考，是个人成长的有益读物。

图书在版编目(CIP)数据

心动力、新起点：大学新生心理适应 / 张强等主编. —北京：科学出版社，2015.8

ISBN 978-7-03-045317-4

I. ①心… II. ①张… III. ①大学生-心理健康-健康教育 IV. ①B844.2

中国版本图书馆 CIP 数据核字(2015)第 181793 号

责任编辑：余 江 / 责任校对：郭瑞芝
责任印制：霍 兵 / 责任设计：迷底书装

科学出版社 出版
北京东黄城根北街16号
邮政编码：100717
http://www.sciencep.com

三河市荣展印务有限公司 印刷
科学出版社发行 各地新华书店经销

*

2015 年 8 月第 一 版　开本：778×1092　1/16
2019 年 7 月第五次印刷　印张：9 1/2
字数：220 000
定价：35.00 元
(如有印装质量问题，我社负责调换)

《心动力、新起点——大学新生心理适应》编委会

主　编

张　强　杨惠琴　赵　文　陈玉芳　尚丽萍

副主编

李菊芬　周凤生　罗　燕　郭　雯　何　涛　谢长勇

编写人员

刘　真　王　磊　苗秋生　辛　婷　艾立梅　郭友倩

饶晓露　王　宇　覃　琴　段旭梅　程晓娟　李晓兰

前 言

每年的9月，大学校园里都会迎来一批充满青春朝气的年轻人，他们的心中怀揣对大学生活的向往，他们的脸上写着掩饰不住的好奇与兴奋，他们被称作大学"新鲜人"，他们要在这里展开一段未知的旅程……经过多年的新生心理普查与心理健康教育探索，我们发现大多数的大一新生经过一段时间的环境与心理适应，都能够顺利完成高中生向大学生角色的转变，能够逐步解决学习生活中遇到的各种问题，但若能得到及时、有效引导，将大大缩减这一过程。

大一学生正处在自我同一性建立的关键时期，所遭遇的问题往往是成长性的，这一时期产生的迷茫与困惑除了与环境适应直接相关之外，也具有突出的年龄阶段特征，具有很强的共通性。因此，我们总结出了大一新生可能遭遇的方方面面的问题，分章节对这些问题进行讲解和探讨，以期为大学新生乃至整个大学阶段的适应和成长起到导航和助推的作用。

本书不仅仅局限于解决学生现实的问题，而是以全人教育理念为依托，以积极心理学为导向，引领学生从进校开始，就着眼于认识自我、规划自我、管理自我、发展自我，并在这一过程中主动培养和塑造爱、创新、坚持、行动力等积极的心理品质，朝着一个更好的自己不断前行。全书运用生动有趣的故事、深入浅出的解析、行之有效的方法、丰富多样的练习帮助学生解读各种成长性问题，并通过方法指导和练习实践，使问题化解于萌芽之中，防患于未然。

本书所涉及的内容一直用于指导高校学生心理成长类课程的开展，同时，由于各主题与个人成长关系密切，也可用作青少年培训、企事业单位员工培训、心理教育与服务等领域工作的参考，是个人成长的有益读物。

本书由西南科技大学的多位专家学者、一线教师根据本校近几年新生心理适应团体辅导课程的教学实践经验，并结合大量相关书籍、资料共同编撰完成，在编辑和出版过程中得到了四川省教育厅重点研究课题"积极心理学取向下大学新生心理适应课程的探索与实践"（CJS12-054）的支持，以及学校和学生工作部的各位领导的大力支持，在此致以诚挚谢意。

目　录

前言
第一章　在变化中成长 ·· 1
　　第一节　环境适应——大学，我来了 ·· 1
　　第二节　心理适应——变化是成长的开始 ····································· 7
第二章　发现不一样的你 ·· 11
　　第一节　发现我——驻在心里的魔法师 ······································ 11
　　第二节　悦纳我——我可以不完美 ··· 19
第三章　扬起生命之帆 ··· 26
　　第一节　生命存在的价值与意义——人为什么活着 ····················· 26
　　第二节　挫折应对——承载生命之重 ··· 31
　　第三节　管理生命——做时间的主人 ··· 36
第四章　与情绪同行 ·· 43
　　第一节　认识情绪——探寻阴晴不定的根源 ······························· 43
　　第二节　觉察情绪——给自己按个"暂停" ································· 47
　　第三节　管理情绪——与情绪为友 ··· 50
第五章　和谐你我他 ·· 58
　　第一节　人际交往的心理定位 ·· 58
　　第二节　人际交往中的积极品质——与人为善、宽恕与感恩 ······· 62
　　第三节　人际交往的艺术——沟通"八锦功" ······························ 69
第六章　拥有爱的能力 ··· 75
　　第一节　认识爱情——情为何物 ·· 75
　　第二节　经营爱情——爱就是彼此珍惜 ····································· 82
第七章　把握未来 ·· 89
　　第一节　人生形态——幸福汉堡 ·· 90
　　第二节　目标与决策——敢问路在何方 ····································· 94
　　第三节　执行——知行合一 ·· 102
实践与练习 ·· 108
　　第一章练习 ··· 108
　　第二章练习 ··· 112
　　第三章练习 ··· 121

第四章练习 ·· 125
　　第五章练习 ·· 130
　　第六章练习 ·· 134
　　第七章练习 ·· 137
参考文献 ··· 143

第一章 在变化中成长

有这样一个心理实验:心理学家们将一只小猫先放进一间背景全是竖线条的生活空间里,让它自由自在地生活了一段时间,然后又将它放入一间背景全是横线条的生活空间里,结果这只小猫却东倒西歪,站不稳了。

这个实验里的小猫中邪了吗?不是,是它对新的环境不适应了。生活在这个世界上,我们随时面临着"适应"的挑战。

第一节 环境适应——大学,我来了

心灵导读

一个农村女生的逆境独白

我是小静,作为从农村出来的大学生,我曾经过了种种磨砺和挣扎。幸运的是,我走出了困境,就像趟过冰冷河水的人终于上岸。这种经历对我来说,是一场磨难,也是不可多得的心灵财富。

我考上大学那年,是全县的文科第三名。我们村已经十多年没出过一个大学生了,乡亲们特意送来红包表示祝贺,连村头的奶奶都给了我20元钱,直夸我有出息。进了大学校门,头一个感受就是新鲜,我仿佛从地球的一隅被空投到了繁华的都市。我没见过火车,没见过大海,没见过那么宽的马路、那么高的楼房。我简直惊呆了。

那时候，我特别喜欢到处闲逛。第一次去肯德基是陪一位同学结算暑期工的薪水，那杯加冰的可乐真好喝啊！当时我还不知道肯德基是世界著名的快餐店，心里特别羡慕同学，心想要是自己有机会来这里打工就好啦！

因为觉得处处新鲜，所以也很愿意表现自己，主动认识同学，争取给老师多帮忙。但就在表现的过程中，我陷入了尴尬的境地。

很多时候，我觉得自己像个白痴，即便再使劲儿表现也无济于事。上课时，老师带来投影仪，我坐在前排，老师随便点了我过来帮忙，可我只能手足无措地站在旁边，完全不知道该干什么。学校开了电脑课，这是我头一次瞧见电脑长啥样儿。我呆呆地坐在那里，看着旁边的同学熟练地开机、打字、作图。那一瞬间，我忽然理解了什么是被人取笑的"土"——我真的很土！

我像被重棒猛击了一下！恨不得一头扎进地缝里。在那天的日记本里，我狠狠宣泄着耻辱感，恨自己的不争气，居然连反驳的勇气都没有。我愤怒地写道：谢谢你（指医生）告诉我这一点！我发誓，以后再不会出现这种事……直到现在，那一页的日记上还有清晰可见的泪痕。

为了跟同学们玩在一起，我花费了很多心思。城里同学都会"转笔"：在做作业、思考问题的时候，手指灵活一翻，玩出各种花样。大家还暗暗比较看谁玩得好。为了学会"转笔"，我经常一个人偷偷在宿舍练，为此摔坏了好几支笔。

宿舍里有个同学的姐姐是商场收银员，这个同学因此会点钞。看她点钞，大家都觉得新鲜，都跟着学。我突然发现这项技能是个"空白"，大家起点都一样，就拼命练。直到现在，我点钞还是又快又准。

我还学过打响指，报名学电脑。为了跟上大家时髦的话题，我特意记住了很多名车的牌子，像奔驰、宝马、丰田等。

但是，这些好像都没有让我感到过自信，因为我总在学别人早已熟知的知识。而且"生活方式"包含的内容太多了，它是长期积累、不断学习并溶入血液的过程，我学得很累，也很生硬。就算我掌握了很多，可我的独特性在哪里？

整个大一上半年，我每天都感到压抑和恐慌，经常一个人发呆。实在烦闷之极，就躲在宿舍使劲打被子。我一度怀疑自己根本不该来上大学。

我的生活终于出现转机是在大三。那个教我们应用文写作的、脾气古怪的老师，让我们写一篇文章《我最喜欢的一本书》。这是小学的作文题目，很多同学觉得与课程无关，草草了事。可我写得很认真，我从小学起，作文成绩一直是班里数一数二的。

没想到讲评课上，那个老师竟大肆表扬了我一番，这可是"怪老师"从未有过的。他说我有"慧根"、有思想，如果以后好好写作，会成绩斐然，并建议大家传阅我的文章。

同学们纷纷来借我的文章。我想自己当时一定脸红了，但心里美滋滋的。我这个默默无闻的人，第一次被人重视起来。从此，班里、系里的同学都知道我的文章写得好。

不久，系学生会需要一个秘书长，辅导员问我愿意不愿意担任。我当时真有一种扬眉吐气的感觉。

因为学生会的工作，我认识了更多的人，跟其他同学、老师逐渐熟悉起来。后来，我参与并组织了多项活动，比如矿泉水的市场调查、中央电视台的居民收视情况调查、大学生科技创业项目等。在日益丰富的活动中，我锻炼了能力，性格也更开朗了。最重要的，是我逐渐找到了"自我"。

在矿泉水调查活动中，我认识了现在的"老板"——我的研究生导师。我在调查中的表现得到了他的赏识，他主动问我愿意不愿意以后到他公司工作。也正因为后来加盟到他旗下，我开始接触到趣味盎然的管理咨询、职业咨询和心理学。

考上研究生，学习了心理学之后，回过头来看待那段心态不平衡的岁月，我感慨良多：

我不会像以前那样怨恨自己、怨恨我的出身。这是社会现实的客观存在，我与城市同学的差别是社会环境不同造成的，既不是我父母的错，也不是我的错。

如今看来，磨砺中的压力和焦虑都是我的财富。应当说，当环境转换、压力增大的时候，是一个人最痛苦的时候，但也是成长最快的时候。

所有快乐和幸福感都来自你一步步地成长，而不是你目前的水平。我从一个起点很低的地方走来，每一点进步都会让我感到满足，这是条件优越的同学体会不到的。我是个空瓶子，给我一点儿水，就觉得是收获。

我还学会了宣泄。以前我认为流泪是不好的，常常躲起来哭。现在我认为，哭是表达情绪的方式，我哭完，也不会觉得自己软弱。另外，当你烦闷的时候，找一个信任的朋友聊聊天，或痛快地打一场球、购物，都比一个人生闷气强。

最重要的是积极储备，耐心寻找机会。我常常想，"作文"是我的一个机遇，但是不是我特别幸运呢？不见得。关键在于，我们虽然承受痛苦，却依然要保持积极进取的心态。我相信，只要不断充实自己、提高自身素质，机会一定会青睐于我。每个人都有优势，只要努力，肯定会有展现自我的那一天。

虽然我现在离开了那个城市，但我仍然认为那里是我的半个家，因为曾经的岁月，我的同学们、朋友们曾扶持、陪伴我一起走过。

（引自：2004 年 4 月 1 日《中国青年报》）

心灵解码

《一个农村女生的逆境自白》让我们看到一个自卑、不适应大学生活的农村女生一步步适应大学生活，一步步发生的变化。

进入大学，小静面临着诸多环境的改变。小静从农村来到了城市，见到了从前许多没有见到的事物；从中学时受人尊敬的学习尖子，变成没有任何优势，甚至在很多方面不如别人的普通学生。日常生活中与别人不和谐的小事太多了。甚至于在很多方面完全都是空白，比如：不会用投影，第一次见电脑长什么样，说话有浓重的地方音，无任何特长，书法、唱歌、跳舞、排球、网球、哪样都不灵等。小静找不到自信。"整个大一上半年，我每天都感到压抑和恐慌，经常一个人发呆。实在烦闷之极，就躲在宿舍使劲打被子。我一度怀疑自己根本不该来上大学。"

小静的这种状态就是我们通常所说的"新生适应不良综合征"。也可以把她刚进大学这段时间称为"心理间歇期"。具体表现为自我定位的摇摆、奋斗目标的迷茫、新生活方式适应困难、社交困惑等。

相对于中学而言，大学是一个全新的环境，作为大一新生的小静要面对一系列变化。

（1）生活环境的变化。由农村来到城市，没见过的事物很多，与社会进行广泛接触，对社会现象更加了解，价值观的冲突更加激烈，也面临更多的诱惑和选择。

（2）参照对象的变化。小静是高考中的优胜者，也是中学里的出类拔萃者。进入大学后，参照对象发生变化，一方面比较对象扩大。由中学的几百人、上千人扩大到了几千人、几万人，在这样的"高手如林"的范围内进行比较，小静的位置肯定会发生变化。另一方面，比较的范围也拓展了。不再仅仅局限于学习，还包括特长修养、社交能力、个人魅力等等。这就带来了小静自我认知与评价问题，就是怎样在新的环境中对自己有一个正确的认识和正确定位。

（3）人际交往的变化。大学是以集体生活为特征的，来自五湖四海、兴趣爱好各异、脾气性格千差万别、生活习惯不同的同学共同生活，难免产生矛盾。大学的交往不再受父母老师的限制，交往的范围扩大，但是心理的锁闭性特点使得小静在人际交往中不如中学融洽，处理人际关系相对困难。除了小静的困惑外，还有大学新生的恋爱问题也提上议事日程。同学的恋爱以及自己面临的恋爱，也会让人际关系变得更加复杂。

（4）学习方面的变化。主要表现为大学学习目的的多样性；学习内容的专业性、探索性；学习方式的全方位性；学习态度的目的性和自觉性。大一新生步入大学，立即面临从中学到大学学习的急剧转变，势必会出现心理上的不适应。

没有永恒的静止，只有变化的绝对！面对这么多的变化，小静在痛苦的徘徊后作出了改变，她这种随着外界环境条件的改变而改变自身的特性和生活方式的能力，是个体在现实生活环境中维持一种良好的有效的生存状态的过程叫大学生的适应性。适应，分为积极适应与消极适应。

积极适应：个体在客观环境中积极主动的调整自己与环境的不适应行为，增强个体在环境中的主动性、积极性，使自身得到发展。

消极适应：个体认同、顺应了环境中的消极因素，压抑了自身的积极因素及自身的潜能，违背了人的心理发展方向。其结果是环境改造了人，而人未发挥自己对于环境的能动作用。是人与环境的消极互动过程。

从小静的故事中，我们看到了她对大学生活从被动消极适应转变到主动积极适应的过程。面对挑战和改变，小静也有过抱怨不满，也想过逃避现实等适应不良的行为，但她最终还是克服了因期望过高引发的失落心理、因环境陌生诱发的防范心理；因目标失落导致的困惑心理；因参照变化产生的自卑心理；因怀旧依赖带来的孤独心理等由消极适应引发的心理问题。积极地去适应、去改变，于是她一点一点变得快乐、自信、成熟、智慧……

大学新生生活适应是其社会适应的前奏曲。适应能力的提高，不仅对大学生适应新生活有重要意义，并且对今后适应学习、人际关系等，处理好人生道路上的其他各种问题都有很重要的价值！

心灵 SPA

相对中学而言，大学是一个全新的环境，大一学生面对变化所产生的诸多适应问题不要惊慌失措，请你相信：

（1）你所面临的问题，是所有大一新生都普遍面对的问题，你不是最差最惨的那一个。

（2）你遇到的这些问题是成长过程中必然要遭遇的，就像人会生老病死一样。既然无法避免，那就积极面对，思考怎样解决问题。

（3）每个人都是在问题中成长和成熟，没有问题就没有成长，人都是在发现问题和解决问题中慢慢成长起来的。

面对问题，不同的个体有不同的对待方式，有人能控制问题，有人则被问题难倒，有的甚至受制于问题。我们遇到的问题大致可分为三种：

（1）可以直接控制的问题：可以通过自己的努力来解决的问题。

（2）可以间接控制的问题：这类问题可以通过寻求帮助或借助外界来解决的问题。

（3）无能为力的问题：面对这类问题，我们能做到的就是改变嘴角的线条，以微笑、真诚、平和的态度来接纳，或者换一个角度重新认识这些问题。

要适应大学新环境，解决遇到的新问题，就要学会变通改变，才能适应环境转变的需求，才能获得更大的发展。建议你做好三个主要方面的改变：

（1）确立学习目标，改变学习方式和方法。

十几年寒窗苦读，都是为了考进大学，现在进了大学，却不知道学习是为了什么？不知道大学4年该干什么了？重新确立自己的学习目标非常重要！有研究表明，一个人能否发挥个人才干的最大区别，就在于是否有明确的目标。"人工脑学"专家马尔兹认为：当心灵有了明确的目标，就能够不断瞄准和修正，心灵便会自然地把我们引到朝向目标的方向，以期达到它所追求的目标。若是心灵没有一个明确的目标，精力就会虚耗。

初入大学的你，由于正处在大学的适应阶段，或多或少的会存在对大学学习的特点和方式不适应的问题，对大学教学方法的高度理论性、概况性和教学内容的大容量性感到不知所措。大多数同学依然采用高中已形成的学习方式和方法，过分依赖记忆而很少进行独立思考和深层次的推理论证，不善于自学，学习途径和方法过分单一，这样势必会导致学习效率不高，学习效果不佳。面对大学的学习问题，同学们一定要在应变中去学，把握大学学习的特点，从而找到适合的学习技巧和方法。

（2）改变你的人际关系观念。

来到新的环境，面对新的生活方式、内容，还有五湖四海的新同学，人际关系必将受到巨大的挑战，磨合是必不可少的！大学的"大"，有大楼、大师之外，还有它的博大和包容。进入大学，我们更多的要去接受"不同"！学会和自己看不惯的人和平相处，不根据个人好恶交往，也不要将自己的标准强加于人，而应该在相互协调的约定下进行自我的调节。在心理上、思想上去宽容接纳同学，在行动上用真诚去交流感化同学，大事上清楚一些，小事上糊涂一些。严格要求自己，宽容对待他人！将心比心、推己及人；己所不欲，勿施于人！

（3）改变你对自己的认识与评价。

进入大学，你或许为曾经受人瞩目的优等生变成了无人问津的普通人而失落；你或许为现在的大学并非是你的理想所在，让你有明珠暗投、己不如人的烦恼！然而失落也好，烦恼也罢，你能改变唯有自己，唯有你对你自己的看法和评价！我们要相信这个世界上人和人肯定是有差距的，有的差距，我们可以通过努力去缩小的，比如学习、交往等；而有些差距，能缩短当然好，不能缩短也没关系，因为人和人之间肯定存在差异，一个人不可能在所有方面都优秀。我们要客观地面对进入大学后的"相对平凡"的现状！如果你因为没有考进理想大学而烦恼，那么你要想，世界上的事情未必样样都能如人所愿，不能如愿的事情是常有的事，不要过分在意，不要认为自己就是个倒霉蛋和差等生，赶紧调整自己的认识，自爱、自信、开放地面对现实，相信你很快就会适应现在的环境，找到自己的方向！

面对这三个方面的改变，建议你从以下几个方面去实施：

（1）从认识上去接受。既然改变是必然的，那就必须接受，拒绝变化只能让自己寸步难行。

（2）从心理上去承受。认识转变、注意转移可以对心理起调节作用，活动也可以让情绪转移，环境改变可以影响到心理，所以，要进行改变就必须在心理情绪上做好承受。

（3）从行动上去实现。行动力是非常重要的。知易行难，"想法多行动少"是大一新生普遍存在的情况，没有行动，那么你的改变和适应就只能是空中楼阁，子虚乌有！

心海瞭望

智慧的本质就是适应。　　——皮亚杰

不能改变风向，但可以改变风帆。

Circumstances are the rulers of the weak, instruments of the wise.
（弱者困于环境，智者利用环境）

只有学会如何学习和学会如何适应变化的人，只有意识到没有任何可靠的知识，唯有寻找知识的过程才是可靠的人，才是有教养的人。现代世界中，变化是唯一可以作为确立教育目标的依据，这种变化取决于静止的知识。　　——罗杰斯《学习的自由》

每一次适应实际上就是一次新的成长！一个人的发展取决于和他直接或间接交往的其他一切人的发展。　　——马克思

Without a friend, the world is wilderness.（人间无友成荒野）

推荐书目

1. 胡剑虹.《大学生心理适应与发展》.苏州大学出版社，2009.
2. 岳晓东.《怎样做最好的自己》.安徽人民出版社，2011.

第二节　心理适应——变化是成长的开始

心灵导读

老鹰断喙的传说

老鹰是世界上寿命最长的鸟类，它一生的年龄可达 70 岁。要活那么长的寿命，它在 40 岁时必须做出困难却重要的决定。

当老鹰活到 40 岁时，它的爪子开始老化，变得无法有效地抓住猎物。它的喙变得又长又弯，几乎可以碰到胸膛，严重的阻碍它进食。它的翅膀变得十分沉重，因为它的羽毛长得又浓又厚，使飞翔十分吃力。此时，它只有两种选择：等死，或经过一个十分痛苦的更新过程。这个过程就是：它必须努力飞到一处陡峭的悬崖，任何鸟兽都上不去的地方，在那里要呆上 150 天左右。首先它要把弯如镰刀的喙向岩石摔去，直到老化的嘴巴连皮带肉从头上掉下来，然后静静地等候新的喙长出来。然后它以新喙当钳子，把趾甲一个一个从脚趾上拔下来。等新的趾甲长出来后，它把旧的羽毛都薅下来，五个月

后新的羽毛长出来了，老鹰可以飞翔，赢得自己 30 年的岁月。它冒着疼死、饿死的危险，自己改造自己，重塑自己，与自己的过去诀别，这一过程就是一个死而复生的过程。

心灵解码

我们为什么不想改变？我们为什么害怕改变？因为我们处在心理舒适区中，我们感觉很自在，一旦变化，我们就会面临动荡。什么是心理舒适区？它会如何影响我们呢？

心理舒适区

心理学研究发现，人类对于外部世界的认识可分为三个区域：舒适区（comfort zone），学习区（stretch zone）和恐慌区（stress zone）。

在舒适区我们得心应手，每天处于熟悉的环境中，做在行的事情，和熟悉的人交际，因此对这个区域中的人和事感觉很舒适。但是学到的东西很少，进步缓慢，而且一旦跳出这个领域，面对不熟悉的环境及变化，你可能会觉得有压力，无所适从。

学习区是我们很少接触甚至未曾涉足的领域，充满新鲜的事物，在这里可以充分锻炼自我，挑战自我。比如，生活中，搬到一个新的寝室居住；学习中，接触另一个专业的书籍。

恐慌区顾名思义，在这个区域中会感到忧虑、恐惧、不堪重负。比如在公众场合演讲，或者从事一些危险的极限运动。如果你时常处于这一区域之中，首先需要建立自信，克服恐惧和忧虑。马克·吐温说过：我曾经有很长一段时间生活在恐惧之中，但是事实上大部分我所忧虑的事情并没有发生。很多事情其实很简单，只是我们在思想上把它们复杂化、困难化了。

当然，由于每个人性格喜好、天赋能力各有差异，各个区域之间的界线并不是绝对的。比如，演讲对有些人来说属于恐慌区，却可能位于你的学习区，甚至舒适区之内。在舒适区中，我们往往觉察不到任何压力，并且没有强烈的改变欲望，从而忽视环境的变化，放松对自己的要求，最终走向"温水煮青蛙"的结果。这就是为什么人们不愿尝试未知的领域，而对熟悉的事物情有独钟，虽然在熟悉的领域中我们也会感到乏味、缺少成就感等，但是在这里我们能够充分地掌控环境和自己，不必承受任何风险和挑战，因此感到很舒适，不愿离开。

然而，心理学研究结果表明：只有在学习区内做事，人才会进步。尝试新鲜事物，探索未知领域，能开拓思维和视野，激发人的潜力。

心灵 SPA

我们的舒适区可能会限制我们的能力,使我们放弃梦想和目标,也可以刺激我们做出壮举。事实上,舒适区可以决定我们的个性和成功的潜力。很多成功的人实现他们的目标是因为他们有能力扩大自己的舒适区,以获得他们想要的东西。

如果你想扩大自己的舒适区,你可以在精神上锻炼自己去适应不熟悉的环境或情况,以此克服焦虑,达成目标,实现梦想。让我们一起学习拓展舒适区的方法吧。

拓展舒适区的方法

一、了解自己的心态

心理调节在扩大舒适区方面起很大的作用。也就是说,怎样形成舒适区是从我们自己的头脑开始的。

——我们每个人都有些"什么有可能让人感到舒适,什么可能让人不舒适"这样先入为主的概念,我们(为自己)指定精神准则以保持舒适区之内。

——我们选择了自己的舒适区界限!知道我们的界限是扩大舒适区的第一步。

二、打破某些你自我强加的规则

如果你想扩大舒适区,就必须让自己从自我强加的准则里解放出来。打破一些这样的规则能让你寻求新的、可以为你带来更大的成功的体验!

三、考虑局面的真实风险

重要的是知道什么是真正的风险,而不是有可能发生什么、你感觉(或恐惧)什么。了解这些区别可以让你克服恐惧,把自己的能量用于应对风险。

四、挑战自己,走出舒适区

很多时候,当遇到边界或限制时,我们是自己最大的敌人。有些时候,你必须强迫自己去达到你想要做到的。

当走出舒适区带给你成功,你会发现,走出舒适区所付出的努力是非常值得的!无论何时当你第一次尝试某事时,一定会有点不舒服。我们都习惯于抗拒变化,待在舒适区里。你可能不得不提醒自己:只有你自己才能让你走出去。

要有耐心,要注意你的自我施加的限制,一次一小步地做尝试。这样,你的舒适区将会在渐渐的、让人舒适的步伐中扩大开来,当你收获积极的经验时,恐惧和焦虑会消失。

保持你的梦想在视野之内！想要达到目标并过上梦想的生活可能只需要去扩大你的舒适区。

心海瞭望

鸟儿的选择

有这样一个寓言故事：从前，有一群洁白的鸟儿飞过一片原野，忽然发现，原野上撒满了它们爱吃的稻谷。鸟儿们非常开心，它们飞落到原野上，开始了享用美味大餐。不过，这些稻谷很快就被它们吃完了。接下来怎么办，是继续前进，寻找其他撒满稻谷的原野？还是留在原地等待，看看还会不会有稻谷出现？争执不下，鸟儿们只好分道扬镳。愿意去寻找稻谷的鸟儿飞走了，想要等候的留下了。然而，稻谷最终没有出现，这些留下的鸟儿越来越饿，它们已经失去了飞翔的力气。恰好有一只家鸡路过，于是，将这几只饿肚子的鸟儿带到了一个农夫家里，农夫给了这些鸟儿吃的，代价却是它们被圈养起来。开始的时候，被圈养的鸟儿很想念蓝天白云，后悔没有跟着伙伴们一起飞翔。但渐渐地，它们觉得这样也挺好，虽然没有了自由，但有吃有喝，于是，又感到了满足。

冬天到了，那些飞翔的鸟儿掠过丛林，飞过湖泊，飞到了温暖的南方。而那些被圈养的鸟儿，吃得肥肥胖胖，本以为无忧无虑了。有一天，农夫将它们放了出来，却将屠刀举向了它们。这些鸟儿忽然想到，自己有翅膀，可以飞翔啊。可是不管它们如何扇动双翅，却飞不起来，原来长久未用的翅膀已经退化了，失去了飞翔的能力，最终，它们倒在了农夫的屠刀下。

同一种鸟儿，不同的选择，不同的命运。飞走的那些被称作天鹅，留下的那些成了普通的家鹅。

鸟儿们不同的选择，代表了人们面对舒适区被破坏后的两种反应：

一种是退避。可能会获得一时的安宁，但却会面对着更大的不安。

一种是进取。可能会面临新的不安和挫折，但却孕育着希望。

选择哪一种，你的心中已经有答案了吧？

（引自：http://blog.sina.com.cn/s/blog_71d6b87d01015129.html）

推荐书目

1. M.J.赖恩.《你可以不怕改变》.沈维君译.译林出版社，2011.
2. 郎世荣.《适应力——改变时代的生存法则》.新世界出版社，2013.
3. 维克·汉森.《活着，就不能被自己打垮》.方仁馨译.中央编译出版社，2014.

第二章 发现不一样的你

在古希腊德尔菲神庙前刻着一句名言——认识你自己。这句话蕴含了人类的最高智慧。认识自我相伴我们一生,在人生的舞台上,我们每个人都是导演,只有充分了解自己,正确规划人生的人才会获得成功。然而在自我认知的渐进过程中,那些最真实、最美丽的东西往往是隐藏在我们心里的,就像一个魔法师,不断地变幻,难以捉摸,需要我们去挖掘。本杰明·富兰克林说过,世界上有三样东西极难叩开:钢铁、钻石以及自己的心扉。是啊!认识自己不是一件容易的事,但是只要我们洞开心扉,运用一定的知识就能够发现自我,重新找回那走散已久的自己。

第一节 发现我——驻在心里的魔法师

心灵导读

心中那块石头

一位禅师为了启发他的门徒,给了他一块石头,让他去蔬菜市场试着卖掉它,这块石头很大很美丽。禅师说:"不要卖掉它,只是试着卖它。注意观察,多问一些人,然后回来告诉我在蔬菜市场它能卖多少。"

于是门徒去了菜市场,他们出价只不过几个小硬币。在菜市场的人认为这个石头是可以给孩子们玩的小摆件,或者可以把它当作称菜用的秤砣。徒弟回到禅师面前说:"它最多只能卖几个硬币。"禅师说:"现在你去黄金市场,问问那儿的人,同样不要卖掉它,只问问价。"

从黄金市场回来,门徒很高兴地说:"这些人太棒了,他们乐意出到1000块钱。"禅师说:"黄金商们能给出这个价钱,那么现在你去珠宝商那儿,看看你这块石头的价位如何,不要卖掉它。"

门徒到了珠宝商那儿后,他简直不敢相信,珠宝商竟然乐意出5万块钱,门徒不卖,珠宝商竟然抬高价格到10万。门徒又说:"可我不打算卖掉它。"珠宝商说:"我们出20万、30万,或者你要多少就多少,只要你卖!"门徒说:"我不能卖,我只是问问价。"门徒不相信:"这些人疯了!"而他却觉得蔬菜市场的价已经足够了。

回来后,禅师拿回石头说:"现在你明白了,这块石头的价钱在你看来也许就只值蔬菜的价，可是在别的商人那里就高出了很大的档次。这是为什么呢？其实在我们心中都有一块石头，那就是你自己。你如果要运用它，那么你就必须学会去认识他的价值。如果你的认识水平只停留在蔬菜市场这个层面上，那么你就只有那个市场的价位空间，你就永远不会认识它更高的价值，当然它的价位还会是我们所不能认识到的、未知的。"

这个卖石头的故事告诉我们了如何正确认识自我的道理，简单而富有哲理！在实现自我价值的过程中，只有全面客观的认识自己，才能为你的成功添砖加瓦，才能让自己心中的那块石头更加闪耀夺目。

心灵解码

一、关于"自我"

进入大学，面对新的环境、新的变化，我们都会有些许的困惑和迷茫，甚至有时连自己也不认识那个"我"？我是谁？我应该怎样更好的认识自己？认识自己重要吗？这一连串的问题都需要我们积极发挥主观能动性来开启心中的潘多拉魔盒。

就让我们从认识"自我"开始，通过对自我的分析和探索来发现一个不一样的自己吧。

著名画家保罗·高更曾画过一幅震动世界的经典作品《我是谁？我从哪里来？我到哪里去？》，表达了一些现代人对自我的迷惑和茫然。"自我"的影子无处不在，但很多人却难以认识。其实，自我就是指一个人的具体存在形式，它包含着过去、现在以及未来的自身所形成并能触摸、感知的一切的东西。健康的自我形象，会引导我们走向自尊自信自爱的人生，这样的人生是内心充满着神奇和安全感的人生，这样的人生会使我们的生活多一些快乐，多一些勇敢，多一些聪慧，多一些轻装前进的勇气。

（一）自我意识

人的自我意识与自我紧密相连，它是人对自己身心状态及对自己同客观世界的关系的意识。自我意识是一种多维度、多层次的心理系统，是人类特有的心理现象，它主要解决"我是一个怎样的人""对自己是否满意""能否悦纳自己""如何有效地调控自己""如何改变现状，使自己成为一个有理想的人"的诸多问题。自我意识系统由自我认知、自我体验和自我调节（或自我控制）三个子系统构成，如表2-1所示。

表 2-1

项目	分类	主要内容
自我意识	自我认识	主观的我对客观的我的认识和评价。包括自我觉察、自我评价等
	自我体验	主观的我对客观的我的情绪体验。包括自信心、自豪感、自尊心
	自我控制	主观的我对客观的我的制约。包括自我调节、自我制约、自我监督

自我意识在个体发展中有十分重要的作用。首先，自我意识是认识外界客观事物的条件。一个人如果还不了解自己，也无法把自己与周围相区别时，他就不可能正确地认识外界客观事物。其次，自我意识是人的自觉性、自控力的前提，对自我教育有极大的推动作用。人只有意识到自己是谁，应该做什么，才会主动去行动。再次，自我意识是改造自身主观因素的途径，它使人能不断地自我监督、自我完善、自我发展。大学阶段是青年自我意识发展的重要阶段，增强自我意识既是衡量心理健康的标准之一，又是促进我们心理素质健康发展的重要因素。

（二）如何正确认识自我

美国心理学家约翰和哈里提出了关于自我认知的窗口理论，被称为乔韩窗口理论（见图2-1）。这个理论有利于帮助我们正确的认识自我。他们将一个人的自我分成4个部分：A为公开的我，即别人认识到，自己也认识到的那部分"我"；B为盲目的我，即别人认识到但自己未认识到的那部分"我"；C为秘密的我，即别人未认识到但自己认识的那部分"我"；D为未知的我，即别人和自己都未认识到的潜在的"我"。

故事中以石头比喻自我，这个禅师教会了门徒发现自我、认识自我的方法，即把自己心中四个"我"都放在不同的空间加以对比，从而认识到那个"秘密的我"和"未知的我"。在卖石头的过程中，禅师让门徒只叫价而不出手，就是为了使门徒自己慢慢发现到底哪个最统一的"自我意识"存在于哪一个空间。这就启示我们在日常生活中，要主动征求他人的意见，留心观察和分析他人对自己的态度，从而缩小B部分；不刻意掩饰或者隐瞒以博取别人的好感，从而缩小 C 部分；不断挖掘自己的兴趣、爱好、潜能，开阔视野有利于自己探索 D 部分。

	自知	自不知
他知	A 公开的我	B 盲目的我
他不知	C 秘密的我	D 未知的我

图 2-1　乔韩窗口理论

在我们每个人的人生拼图中，都有这四个"我"，它们灵巧的变幻于我们的前后左右。在日常生活中，我们常常受伤于公开的自我和盲目的自我，但是我们却不知道我们一直在被那个秘密的自我和未知的自我所伤。故事中的石头隐喻巧妙地表现了我们灵魂深处的那些"自我"对我们的作用，而我们要做的就是积极发挥我们的主观能动性，思考、动手、勤奋的去把四个"自我"的价值归结为现实生活中的"真我"。在人生的每一个阶段，我们都走走停停，不断地得到与失去，我们所能一直携带在身上的也就是那四个"自我"，我们总是不断地探索它们的价值。公开的自我，我们改变它的方面很多，作用很大；盲目的自我，我们讨厌它却不能赶走它，相反我们需要它，需要它的提醒，生活总是在提醒中前进的；秘密的自我，我们不自知，但是我们可以通过有效的心理方法来走近它，触摸它，和它交谈，让它为我们做点什么，鼓掌也是可以的，只要你相信并愿意；未知的自我，不能掌控，你可以把它列在你的计划之中，让你的行动在计划的引导下来改变它，到后来，你会喜欢上它的。

（三）大学生自我意识发展的特点

处于青年中期的大学生，经过大学生活和教育，随着个体心理和意识的不断发展，大学生自我意识的发展达到了新的水平。独立感、自尊心、自信心、好胜心等逐步趋于成熟；自我认识、自我体验、自我控制三方面趋于协调发展；自我意识的核心——世界观和人生观已基本确立。总的来说，大学生自我意识的发展是随着年龄的上升而发展的，并表现出以下几方面的主要特点。

1. 大学生自我认识方面的主要特点

（1）自我认识的广度和深度大大提高。大学这一特殊的学习、生活环境，为大学生提供了一个博览群书、自由发展、自我实现的新天地。他们的自我认识不只涉及自己的气质、风度和性格等一般问题，而且还涉及自己的社会地位、社会责任、自我的价值等问题。通过对这些问题的分析和思考，大学生自我意识达到新的广度和深度。

（2）自我认识的自觉性和主动性明显提高。大学是大学生走向社会前的最后学校学习阶段。学习期间，在他们面前摆着许多深刻的课题：我将来做个什么样的人？成就什么事业？我能为社会做些什么贡献？等等。求知欲正是强烈的大学生，总是十分感兴趣而又急切地思考着这些问题，强烈地期待着一个满意的答案。这种思考比少年时期更主动、更自觉，具有较高水平。

（3）自我评价能力提高。随着大学生活的继续，大学生的知识增加了、社会经验也丰富了，大多数人对自己的分析、评价逐渐变得全面、客观和主动，对自己的优缺点有了较正确的认识和评价，并能选择自己的长处进行发展，开始具备在自觉基础上的"自知之明"，但是大学生自我评价的能力有很大的个体差异。

2. 大学生自我控制方面的主要特点

（1）自我控制能力明显提高。处于低年级的大学生，冲动性还较明显。进入中年级，特别是进入高年级后，随着知识积累、生活阅历的增加，大学生自我认识和自我评价水平增强，他们能够根据别人的评价和自己行动结果进行反省，及时调整自己的行为和目标。这说明大学生在大学期间的个体行为会随着时间和阅历的增加，自觉性和自我控制能力会明显增强。当然，大学生自我控制水平还缺乏一定的稳定性和连续性，还需进一步发展和完善。

（2）自我设计的愿望强烈。大学生有设计自我、完善自我的强烈愿望。他们根据自我设计的"最佳自我形象"而不断地充实自己的知识、培养自己的能力、形成自己良好的性格与品德，而大学生的自我设计常会产生与社会要求不一致的矛盾。但是，我国大学生的自我设计、自我完善的基本倾向是奋发向上的、积极的。

（3）强烈的独立意识和自信心。青年大学生有体力充沛、精力旺盛、思维灵活、记忆力最强等优越条件，这是他们产生自信心的生理及心理基础，而"天之骄子"、"时代宠儿"的优越感，则是大学生充满自信的社会基础。所以，大学生的自信心是十分强烈的。但由于知识、经验不足，他们易于产生过分的自信，而且容易因一时的挫折而降低自信。

3. 大学生自我体验方面的主要特点

大学生自我认识和自我控制能力的迅速发展，使得他们自我体验的内容和形式发生了极大的变化。

（1）丰富性。大学生丰富多彩的学习生活为他们发展的自我体验的丰富性提供了有利条件。例如，由于意识到自己的成熟就产生了成人感；由于意识到自己的能力和品德的高低而产生了自豪、自尊或自卑、自惭等体验；由于意识到自己的社会角色和社会地位而产生了社会责任感和义务感。总体上，大学生自我体验的情感基调是积极的、健康的。

（2）敏感性和波动性。大学生由于对自我的认识还在不断进行中，个性还不够成熟和稳定,也缺乏驾驭情感的意志力量,因此他们的情感体验表现出明显的敏感性和波动性。他们可能因一时的成功而产生积极的、愉快的情感体验,甚至骄傲自满、忘乎所以;也可能因一时的挫折、失败而低估自我或丧失自信心,甚至悲观失望。到了高年级,当大学生的自我认识和自我控制比较确定后,这种波动性才逐渐降低。

(3)深刻性。大学生的自我体验是深刻的。他们的自我体验不仅与自己的个性特点相联系,而且还与自己的生活信念和人格倾向相联系。当自我的生活信念和人格倾向为别人所悦纳,或客观事物符合自己的生活信念和人格倾向时,他们就产生愉快的情感体验,否则就产生消极、不愉快的体验。

心灵 SPA

1890年,美国心理学家詹姆斯把自我概念引入心理学,自我便受到人们的普遍关注。自我价值感是自我的重要内容,与心理健康状况有着直接的联系,对个体的认知、情绪、意志、行为均有广泛的影响(黄彬 2011)。大学生正处于人生重要的自我发展阶段,是自我意识发展以及人格形成的关键时期。此时自我意识的发展和形成程度将影响大学生的心理健康水平和人生发展态势。

大学生认识自我的主要途径

由于自我意识是一个多维度的复杂概念,所以在进行自我探索时,我们可以分层、逐级、有针对性地进行。

一、比较法——他人眼中我为谁

他人是反映自我的镜子,与他人交往,是个人获得自我认识的重要来源。我们先从家庭中的感情扩展到外面的友爱关系,进入社会又体验到人与人之间的利害关系。有自知之明的人能从这些关系中用心向别人学习,获得足够的经验,然后按照自己的需要去规划自己的前途。①跟别人比较的是行动前的条件，还是行为后的结果？大学生来大学学习，如果认为自己来自农村，条件不如别人，开始就置自己于次等地位，自然影响心态和情结，要看大学毕业后的成绩才有意义。②跟人比较是看相对标准还是绝对标准？是可变的标准还是不可变的标准？经常有大学生认为自己不如他人。其实他们关注的可能是身材、家世等不能改变的条件，没有实际比较的意义。③比较的对象是什么人？是与自己条件相类似的人，还是个人心目中的偶像或技不如己的人？所以，确立合理的参照体系和立足点对自我的认识尤为重要。

二、经验法——彩虹是为了证明雷雨刚过

自己从事的事情、工作都是一面三棱镜，能够折射出阳光下或长或短的自我。不经一事，不长一智。成败得失，其经验的价值也因人而异。对聪明又善用智慧的人来说，成功或失败的经验都可以促他再成功，因为他们了解自己，有坚强的人格特征，善于学习，因而可以避免重蹈失败的覆辙；而对于某些自我比较脆弱的大学生，失败的经验使其更失败。这也是最常见的现象。因为他们不能从失败中学到教训，改变策略追求成功，而且挫败后形成怕败心理，不敢面对现实去应付困境或挑战，甚至失去许多良机；而对一些自大的人而言，成功却可能成为失败之源。他们可能侥幸成功便骄傲自大，以后做事便自不量力，往往遭受失败，或成长过于顺利，又有家世、关系，而一旦失去"保护源"，便一蹶不振，不能支撑起独立的自我。因此一个大学生由成败经验中获得的自我意识也要细加分析和甄别。

三、内省法——寻找心中的魔法师

古人曰："吾日三省吾身"。从我与己关系中认识自我，看似容易实则困难。我们大概可以从以下几个"我"中去认识自己：

（1）自己眼中的我。个人实际观察到客观的我，包括身体，容貌，性别，年龄，职业，性格，气质，能力等。

（2）别人眼中的我。与别人交往时，由别人对你的态度，情感反应而觉知的我。不同关系的人对自己的反应和评价不同，它是个人从多数人对自己的反应中归纳出的统觉。

（3）自己心中的我，也指自己对自己的期许，即理想我。我们还可以从实际的我，自觉别人眼中的我，自觉别人心中的我等多个我来全面认识自己。

心海瞭望

一、认识自己，看清自己，才能懂得人生的意义

古刹里新来了一个小和尚，他积极主动地去见方丈，殷勤诚恳地说："我新来乍到，

先干些什么呢？请方丈支使指教。"

方丈微微一笑，对小和尚说："你先认识和熟悉一下寺里的众僧吧。"

第二天，小和尚又来见方丈，殷勤诚恳地说："寺里的众僧我都认识了，下边该去干些什么呢？"

方丈微微一笑，洞明睿犀地说："肯定还有遗漏，接着去了解、去认识吧。"

三天过后，小和尚再次来见方丈，蛮有把握地说："寺里的所有僧侣我都认识了。"

方丈微微一笑，因势利导地说："还有一人，你没认识，而且这个人对你特别重要。"

小和尚满腹狐疑地走出方丈的禅房，一个人一个人地询问着、一间屋一间屋地寻找着。在阳光里、在月光下，他一遍一遍地琢磨、一遍一遍地寻思着。

不知过了多少天，一头雾水的小和尚，在一口水井里忽然看到自己的身影，他豁然顿悟了，赶忙跑去见老方丈……

世界上有一个人，离你最近也最远；世界上有一个人，与你最亲也最疏；世界上有一个人，你常常想起，也最容易忘记……这个人，就是你自己。

人这一生最难做到的就是认识自己，所以古希腊的智者在太阳神阿波罗的神庙门上留下了这样的警训："人啊，认识你自己！"

看不清自己，不认识自己，结果往往就是活不明白，不明白人活着有什么意义。如果活了一辈子，连自己真正想要的是什么、自己应该去干些什么都没搞清楚，又何谈活得幸福、做出成就呢？

（引自：李艳冰.认清自己.教育教学论坛，2012，（13）：257.）

二、学会认识自己，与自己相处，掌握自己

有这样一个故事叫"怀珠作丐"，说的是有一个童子，本来家中富有，父母怕他将来长大后，若是家道中落，会遭受贫穷之苦，于是就在他的衣服里缝了一颗珍珠，以备将来的不时之需。

后来，果真家门不幸，遭遇大火，财产烧尽，童子流落为乞丐。他不知道衣服里藏有一颗明珠，天天穿着珍珠宝衣，与乞丐群同行。

伊索寓言里有这样一个故事，父子二人赶驴到市集去，途中听人说："看看那两个傻瓜，他们本可以舒舒服服地骑驴，却自己走路。"老头子觉得这主意不错，便和儿子骑驴而行。不久，又遇见一些人。其中一个人说："看看那两个懒骨头，把可怜的驴背都快要压坏了，没有人会买它。"老头子和儿子商量一下，便决定用另一种方式前进。近黄昏时，两人来到市镇附近一座桥，累得直喘气。他们绑着驴的四足，倒挂在扁担上抬着走！

结果过桥时愤怒的驴子挣脱束缚，坠落河中淹死了。

（引自：http://www.zhlzw.com/lz/zx/183922.html）

三、认识自己的一些名言

知人者智，自知者明。胜人者有力，自胜者强。　　——老子

伟大的人是决不会滥用他们的优点的，他们看出他们超过别人的地方，并且意识到这一点，然而绝不会因此就不谦虚。他们的过人之处越多，他们越认识到他们的不足。

——卢梭

一个真认识自己的人，就没法不谦虚。谦虚使人的心缩小，像一个小石卵，虽然小，而极结实。结实才能诚实。　　——老舍

自知之明是最难得的知识。（西班牙）

不会评价自己，就不会评价别人。（德国）

自己的饭量自己知道。（苏联）

每个人都知道鞋子挤脚的地方。（拉丁美洲）

推荐书目

1. 斯托克顿.《"现在全明白了！"——你我他的自我认识之路》.李辉等译.中国轻工业出版社，2009.
2. 朱建军.《我是谁——意象对话解读自我》.安徽人民出版社，2009.
3. 毕淑敏.《心灵游戏》.北京十月文艺出版社，2007.

第二节　悦纳我——我可以不完美

当我们踏进了大学校园，我们终于可以开始充满激情地追逐属于自己的梦想，不用再整日伏案疾书，有大把的时间可以自由支配，可以随性的去看、去想、去做，此时的内心升腾起的是无限的期冀和希望：我们将会在这样一个开放、自由、充满浓厚学术氛围和青春气息的大学里度过！从童年起，我们对于自己将来成为什么样的人，就会有无数设想：优秀的成绩、招人喜欢的性格、美丽而温柔……通过一段时间的学习和生活，在充分的自我的分析和认识之后，我们也许会越来越多的发现一个不一样的自己，但这种理想自我常常与现实自我和理想自我相差甚远，有一些从未自觉的优点，也有一些让人懊恼的缺点困扰着我们，有时候它们让我们自大、有时候让我们自卑，我们也许为之苦恼不已。在这个过程中，我们能否恰当地认识自我，实事求是地评价自我，正确对待自己的优缺点，不必为自己某些方面比别人强而沾沾自喜，也不必为自己在某些地方不如别人而垂头丧气，学会自我认同并悦纳自我，是愉快地度过大学时光的重要前提。

如何正视自己、接受自己、喜欢自己、爱惜自己、心理学家提出了"悦纳自我"的

概念。"悦纳自我"是个体对自身以及自身所具特征所持的一种积极的态度，能够接受最真实的自己以及现实的外部环境，即无条件地接受自己，既能欣赏自己的长处，也能坦然地面对自己的缺憾和不足。不会沉浸在悲叹、抱怨或悔恨之中，而是奋发向上，积极、独立、率性而为，有明确的人生目标，精力充沛，热爱生活，在追求和奋进的过程中体验自我价值以及社会的承认与赞许。

我们每个人都具有积极与消极两方面的心态，我们必须承认它们的存在。善与恶、好与坏、光明与阴暗、强大与脆弱、诚实与欺瞒——我们的内心是这些矛盾的统一体。如果你觉得自己太过脆弱，那你就需要寻找脆弱的对立面，让自己变得更有力量；如果你被恐惧困扰，就必须在内心中寻找勇气；如果你总是受人欺辱，那你就需要在内心中找出发生这种情况的原因。你必须敞开心扉，承认自己既有优点也有缺点，既有光明的一面也有阴暗的一面。只有从容接纳黑暗的人，才有资格接纳光明。

心灵导读

欣赏自己

一位叫亨利的青年，在他30岁生日那天站在河边发呆，他不知道自己是否还有活下去的必要。因为亨利从小在孤儿院里长大，他身材矮小，长相也不漂亮，说话又带着浓厚的法国乡下口音，所以他一直很瞧不起自己，认为自己是一个又丑又笨的乡巴佬，就连最普通的工作他都不敢去应聘。

就在亨利徘徊于生死之间的时候，与他一起在孤儿院里长大的好朋友约翰兴冲冲地跑来对他说："亨利，告诉你一个好消息！我刚刚从收音机里听到一则消息，拿破仑曾经丢失一个孙子，播音员描述的相貌特征与你丝毫不差！"

"真的吗？我竟然是拿破仑的孙子！"亨利一下子精神大振。联想到爷爷曾经以矮小的身材指挥着千军万马，用带着泥土芳香的法语发出威严的命令，他顿感自己矮小的身体同样充满力量，讲话时的法国乡下口音也带着几分高贵和威严。

第二天一大早，亨利便满怀自信地来到一家大公司应聘。

几十年后，已成为这家大公司总裁的亨利，查证出自己并非拿破仑的孙子，但这早已不重要了。

在一次知名企业家的讲座上，曾有人向亨利提出一个问题："作为一名成功人士，您认为在成功的诸多前提中，最重要的是什么？"

亨利没有直接回答他的问题，而是讲了这个故事。最后，他说："接纳自己，欣赏自己，将所有的自卑全都抛到九霄云外，我认为这就是成功最重要的前提！"

心灵解码

故事讲到这里，也许我们有些感慨，亨利的痛苦来自哪里？那是因为亨利从来没有对不完美的接纳，容不下残缺，投射到生活中就是无法接纳缺陷、对不如意或者不满意的事和物充满抱怨和排斥。一个人不管好也罢歹也罢，都要先坦诚地接纳自己，爱自己，不要总看到自己的不足，而要看到自己比别人强的地方。一个人连自己都不接纳，还怎样去接纳别人？没有对自己的接纳，我们的心灵就会被压垮，哪里还有成长的希望？还怎样一步步地走向成功，生活总是教会我们最真实的一个道理：我们有充分的理由学会悦纳自己。你也许曾埋怨过自己不是名门出身，你也许曾苦恼过自己命运中的波折，你也许曾叹惋过自己人生中的坎坷，可是扪心自问，你到底有没有真正正视过自己呢？其实，对于一个生活的强者而言，出身只是一种符号，而非成功的必然前提，你又何必为此耿耿于怀呢？

"我喜欢这样的我！"不知道你有没有对自己说过这样的话？这就是对自己的一种悦纳，同时也是自我的赞赏和鼓励。乐于接纳自己，从心底喜欢自己，才能真正地了解自己、审视自己，也会客观评价自己、乐于承认自己的能力，让自己充满自信。

当我们看到这个故事时，回头想想，是否也有很多现在看起来又愚蠢又阴暗的想法，比如觉得自己身材不够高大、长得不漂亮、家庭条件不够好、觉得自己一无是处？可在那时我只是心中挑剔不已，还硬要做一些不必要的对比，可越是这样，挫败感越会与我们如影随形。甚至于在我们的青春时光里，孤独、挫败这种东西，在某个时段会突然降临到你的身上，从此变成你的一部分，或许，这也是每个人必经的过程。有些东西无法避免，只得习惯！我们必须接受自己本来的样子，接受自己孤单的样子、挫败的样子、失落的样子，学会和这样的自己相处。想要克服这些，首先就要接受这些，接受自己所有的缺点。其实，我们每个人就像是未经雕琢的璞玉，如果自认为是一块扔在路边没有人要的石头，那么别人也就会认为你一钱不值；如果自认为是一块宝石，那么别人也会认为你价值连城。每个人都有自己引以为傲的闪光点，也有自己嫌弃厌恶的不足，但我们没有理由不喜欢自己，不欣赏自己，每个人在世界上都是独一无二的。每个人对你的看法都不尽相同，而只有我们自己如何看待自己才是最重要的。我们必须学会认识自己，了解自己，理解自己，学会容纳自己，扩展眼界，激活心理的悦纳自我能力，改变阻碍我们发展和成长的因素。

如果能积极面对和化解成长中的危机，并在此过程中，努力去认识自己，并为自己的理想坚定付出，就容易达到自我成长与完善，对大学生活也会有正面的感受。在不同的大学成长轨迹中，有的人为了自己的梦想努力拼搏，积极参与校内外各类实践活动、尽情体验大学时光的喜怒哀乐，四年中锻炼了自己的能力、塑造了敢闯敢干的个性，发现了自己的兴趣和长处，不断丰富和精彩大学生活。如果对成长中的自我认同处理不好，面对危机束手无策，最终会迷失自我和前进的方向。有的学生凭着傲人的入学成绩进入大学之后，不是去发展自我、认识自我，反而把"混"当成大学生活的唯一目标，"自由随意"变成他大学生活的核心，最终迷失了自己，失去了目标，一事无成。一个人最好的模样大概是平静一点，坦然接受自己所有的弱点，不再因为别人过得好而焦虑，在没有人看得到你的时候依旧能保持节奏。这样或许会走得很慢，但会走得比谁都坚实，不用害怕一脚踩空，也不用害怕走到别人的轨道上去。

相信自己可以，你就可以，不要沉默于平静的湖面，你可以荡起一波涟漪，每个向往成功、不甘沉沦的人，都应该牢记："最优秀的就是你自己！"

心灵 SPA

如何做到悦纳自我呢？我们不妨试试心理学中的"甜柠檬心理"。柠檬属于柑橘类水果，闻之芳香扑鼻，食之味酸微苦，但如果必须吃的时候，可以做成味道鲜美的柠檬汁。心理学上将其引申为"甜柠檬心理"，人们将其总结为：每个人都有自己的优点和优势，同时也有自己的缺点和不足，对于自己所拥有的一切，即便是一些看上去是劣势的东西人们也要学会接纳，并努力找到其中的积极之处，做到扬长避短。

我们在成长过程中借用"甜柠檬心理"做到悦纳自我，可以从以下几个方面入手：

（1）成功的条件不止一个。对自己保持一种接受、悦纳的态度，保持良好的自我意识，要知道世界上没有十全十美的人。亚里士多德的沟通能力有障碍，但他是一位内省力很高的哲学家；梵高受情绪困扰，但他在视觉上的成就却是超凡的；霍金全身只有2根手指可以活动，却是当代最重要的广义相对论和宇宙论物理学家；罗斯福下肢残疾，但他是美国历史上第31任总统；贝多芬双耳失聪，但他是乐坛的巨匠。一个人对自己应有客观分析，只有自己最了解自己，不要让缺点掩盖自己的长处，随意抹杀或者轻视自己的优势，那样我们潜在的能力可能就无从发挥了。

从现在开始，停止对自己的不满和抱怨。不论自认为有多少缺憾、有多少不足，停止一切挑剔和责备，学会站在自己这一边，"我就是创造奇迹的那个人"。要学习为自己辩护，维护生命的尊严和价值。如果一个人能够正视并接纳自己的弱点，那就意味着他不但正确认识到了自身的局限性，同时也停止对自己的不满和批判。这可以使我们不把时间浪费在自责和沮丧上，而是集中精力去发掘自己的优势，或者增强自身的能力，这样就可以少走弯路。

（2）生活在此时。我们每个人都有过受制于情绪的经历，烦躁、郁闷、悲伤、无奈、失望……总是接二连三地袭来，于是我们频频抱怨生活对自己不公平，觉得自己一无是处，全盘否定自己，沉溺于失望痛苦中。其实喜怒哀乐是人之常情，想让自己生活中不出现一点烦心之事几乎是不可能的，关键是如何有效地调整控制自己的情绪，做情绪的主人。每个人都会有情绪低落的时候，当情绪处于低潮，就去做一些自己喜欢做的事：散步、运动、旅游、听音乐、购物、看电影等，转移注意力，以此把情绪调整到平稳积极的状态。通过情感的充分表露，通过从外界得到的反馈，增加自我认识，从而改变自己不适当的行为。

从现在开始，无条件地完全接受自己。认真而客观地举出至少 10 项自己的优点；然后，以诚实的态度列出不喜欢自己的地方，在可以改变的地方标上记号，对不喜欢却又无法改变的缺点，试着去接受它，对所有能改变的缺点，发誓去改变它；最后，相信自己是有价值的人，相信"天生我才必有用"。

（3）活出生命的色彩。生命过程的长短、厚重、质量，赋予了生命独特的色彩，但这色彩不是用画笔描绘或者工具喷洒出来的，而是靠活出来的！我们每个人都是千千万万人中的独一无二，都能活出自己的生命色彩。要用一种接纳的态度，正确看待各种不良心境。沮丧、残酷、执拗，这些都只是暂时的现象，是人的多种情感之一。要求自己完美无缺，怀有这种想法的人往往极其脆弱，他们常常会因为对自己过分苛刻而感到绝望。其实有时候我们可以将自己想象得差一点也无妨，我们不再要求自己完美无缺。每个人的性格中都有引起失败的因素，也有导致成功的因素。我们应有自知之明，把这两个方面都看作是人性的固有成分，接受它们，进而努力发挥人性中的优点。因此，我们要改变过分追求完美的习惯，不苛求自己，承认自己的不完美，接受自己的全部缺点和优点，接纳真实的自我，在积极的心态中，最大限度地把自己的潜能化为现实。

从现在开始，我们要学习做自己的朋友，站在自己这一边，接受并且关心自己的身体和心理状况，不带任何附加条件地喜欢自己的一切。大声说"我喜欢这样真实的自我。"

（4）青春没有地平线。人在成长的过程中不可能不犯错误，也不可能事事成功，可怕的不是错误和失败，而是不知道如何从失败和错误中爬起来，平静而理智地看待自己的错误和失败，从中吸取教训，不要轻易地全盘否定自己，永远对自己有信心。

从现在开始找出最近（一年之内）自己认为做过的比较成功的事情，用心体会成功的愉快心情；审视了解自己各方面的发展、进步和成绩，肯定自己的能力；回忆别人对你的积极评价和态度，增加自信；仔细回忆自己从前的经历，找出各方面比较出色的表现，肯定自己优秀的一面。青春的可能性是无限大的，没有束缚，没有羁绊，只有不确定的未来。当我们达到自己所认为的终点时，其实它又是一个新的开始。因此，相信自己就是那个勇往直前、风雨兼程、无所畏惧的远航者！

（5）我就站在舞台中央。世上没有很完美的人，只有悦纳自己，才会不断地改善自己、不断地超越自我。或许自己其貌不扬，但却拥有聪明才智；或许自己不聪明，但有与众不同的气质；或许自己没有什么气质，但真诚率真；或许自己不够温柔，但起码善解人意……点点滴滴、踏踏实实地做着自己该做的事情，我就是我，我只做我自己。

其实，我们都该为自己骄傲的，不是吗？大声地说出"抛开烦恼，勇敢地大步向前，我就站在舞台中间"。但我们应该怎样面对不完美呢，我觉得从心态上来讲，幽默是面对人生不完美的最好的办法。不管现在的状况多么困难，你总是有个选择，是哭还是笑？你笑，这个世界就会和你一起笑。如果我们能用一种积极主动的态度来面对不完美的时候，我们有可能有一些意想不到的收获。

所以我觉得大家长期的目标应该定高一点，但近期的目标应该定得低一点。我们这个社会进步和变化得非常快，所以它对个人的要求也越来越高，但我们一定要成为自己的啦啦队，在自己有挫折的时候，在别人过分责怪你的时候，一定要记住，要对自己讲：不完美，怎么了？

我要一平方一平方地征服世界！

心海瞭望

My body isn't perfect.
我的身体不完美

I don't walk with confidence.
走起路来没自信

I get into fights with my parents and friends.

和父母朋友都争吵

Some nights I'd rather be by myself than out partying.
有的晚上，我宁愿自己待着也不出去聚会

I cry over the smallest things sometimes.
有的时候，我为最不足挂齿的小事掉眼泪

There are days that I get through with forced smiles and fake laughs.
我曾带着假笑过日子

Sometimes I try to convince myself that things are okay when they're not.
也曾骗自己事情没那么糟

I'm not ugly but I'm not beautiful.
我不丑，但也谈不上漂亮

I don't look as good in real life as I do in pictures.
本人没照片上的好看

There are some nights that I cry myself to sleep.
某个夜里，我会一个人哭着睡过去

I constantly think I'm not good enough.
一直以来，我都觉得自己还不够好

I'm imperfect, but I'm perfectly me
我不完美，但是，我是完整的自己

推荐书目

1. 赛安慈，吴至青.《还我本来面目：如何接纳自我和欣赏生命》. 华夏出版社，2012.

2. 凯蒂.《没有你的故事，你是谁？》. 屠永江译. 北方妇女儿童出版社， 2010.

3. 王滟明.《哈佛积极心理学笔记：哈佛教授的幸福处方》. 中国言实出版社， 2011.

4. 塞利格曼.《认识自己，接纳自己》. 洪兰译. 万卷出版公司，2010.

5. 希思.《瞬变：如何让你的世界变好一些》. 焦建译. 中信出版社，2010.

6. 黛比·福特.《接纳不完美的自己》. 严冬冬译. 吉林文史出版社，2009.

7. 武志红.《感谢自己的不完美》. 中国华侨出版社，2014.

8. 周志建.《拥抱不完美：认回自己的故事疗愈之旅》. 中国妇女出版社，2014.

第三章　扬起生命之帆

第一节　生命存在的价值与意义——人为什么活着

心灵导读

敬畏生命

那是一个夏天的长得不能再长的下午,在印第安纳州(印第安纳州是美国的一个州,位于美国东部)的一个湖边。我起先是不经意地坐着看书,忽然发现湖边有几棵树正在飘散一些白色的纤维,大团大团的,像棉花似的,有些飘到草地上,有些飘入湖水里。我当时没有十分注意,只当是偶然风起所带来的。

可是,渐渐地,我发现情况简直令人吃惊。好几个小时过去了,那些树仍旧浑然不觉地在飘送那些小型的云朵,倒好像是一座无限的云库似的。整个下午,整个晚上,漫天都是那种东西。第二天情形完全一样,我感到诧异和震撼。

其实,小学的时候就知道有一类种子是靠风力吹动纤维播送的。但也只是知道一道测验题的答案而已。那几天真的看到了,满心所感到的是一种折服(折服:信服),一种无以名之的敬畏。我几乎是第一次遇见生命——虽然是植物的。

我感到那云状的种子在我心底强烈地碰撞上什么东西,我不能不被生命豪华的、奢侈的、不计成本的投资所感动。也许在不分昼夜的飘散之余,只有一颗种子足以成树,但造物者乐于做这样惊心动魄的壮举。

我至今仍然在沉思之际想起那一片柔媚的湖水,不知湖畔那群种子中有哪一颗成了小树。至少,我知道有一颗已经成长。那颗种子曾遇见了一片土地,在一个过客的心之峡谷里,蔚然成荫,教会她怎样敬畏生命。

（引自：张晓风. 精美散文·哲理·文化卷. 长江文艺出版社,1995）

心灵解码

人人都拥有生命,但不是每个人都能珍惜生命,懂得欣赏生命的多姿,发现生命的意义和价值,享受生命的快乐和幸福。你是否曾经想过人为什么要活着,生命的意义和价值何在，为什么就连植物都可以为了生命的续存做出那样的壮举，然而有些人却要草草结束自己宝贵的生命？

一、生命的价值

生命价值是人的价值的重要组成部分。奥斯特洛夫斯基说过："人最宝贵的是生命。它给予我们只有一次。人的一生应当这样度过——当他回首往事时不因虚度年华而悔恨，也不因碌碌无为而羞耻。"既然生命只有一次，我们还有什么资格漠视生命？生命是美好的，我们都应该珍惜生命，敬畏生命，敢于直面人生，从而活出生命的价值。

生命，按照恩格斯的揭示，是指物质运动的一种特殊形式。具体地讲，生命是蛋白质的化学组成部分的不断自我更新。本世纪遗传密码的发现进一步揭示了生命的本质，生命是蛋白质和核酸相互作用的结果。从人生学的角度讲，人的生命就是指人的存在。人的生命的存在是人的价值中最为首要也是最一般的价值。

人的一切活动都是在这样一个前提下进行的：人的肉体也就是人的生命的存在。人的肉体生命的长期发展形成了人类特有的意识现象，人的有意识（包括无意识）活动是通过人的手、臂、头、身体等人的肉体生命而实现的。人一旦失去生命，人的一切创造和享受价值的活动都将停止。因此，任何价值的创造都包含着这样一个无上的命令：生存！因为，人的生命的存在是人创造价值和享受价值的前提。

从历史的角度看，生命的价值还在于它是人类得以进化和延续的载体。每个人都会死，而人类生命之流却绵延不绝，正是因为在每一个个体的生命中保存着人类的基因，寄托着人类的希望。初生的婴儿既不会做工，也不会种田，可谁会说婴儿没有价值？婴儿向社会贡献的就是他自身，就是人类的未来。婴儿所具有的价值，就是一种生命的价值，种的保存的价值。

肯定生命对于人的价值的依据还在于，生命对于个人来说只有一次，人一旦失去生命，什么都谈不上。人生的河流不可逆转，生命转瞬即逝，浪费生命就是放弃创造人生价值的机会，就是放弃人生责任。

总之，生命是人的价值中最首要最一般的价值，人生宝贵，应珍惜生命。除非为了更多人的生命，杀死一个人是不允许的，除非为了更多人的安全，威胁一个人的生存是不道德的。

二、生命的意义

在心理学领域，很多心理学家都对生命意义进行过探讨，最著名也是最重要的生命意义理论是由弗兰克尔提出的。他确信人类需要生命意义，并且具有追寻意义的动机，会不断去发现其生命的意义与目的。如果人们不能感受到值得为之而活的意义，就会陷入存在空虚。这种存在空虚可能会产生三类问题。第一类问题是心灵性神经官能症，包括抑郁、攻击和成瘾。第二类问题是对权力、金钱和享乐的追求代替了对生命意义的追求。第三类问题是自杀,这也是存在空虚最严重的问题(张姝玥等 2010)。

弗兰克尔认为,生命意义是指人们对自己生命中的目的、目标的认识和追求,即每个人的生命中都有一些独特的目的或者核心的目标,人们必须要有一个清晰的认识,知道自己将要做什么,并为实现自己的价值努力去做一些事情。

每个人对生命意义的理解都不一样,弗兰克尔对生命的意义有四个看法:

(1)人性观。人的存在具有三个层次,即身体、心理和精神,其中以精神层次为最高。

(2)自由。人虽不能免于生物、心理或社会上各种条件的限制,但是面对这些限制,人却保有选择的自由。

(3)责任。人有责任去实现个人声明的独特意义,此外还要对其他事物负责,无论是社会、人性、全人类还是自己。

(4)自我超越。人的特征是"追求意义",而不是"追求自己"。

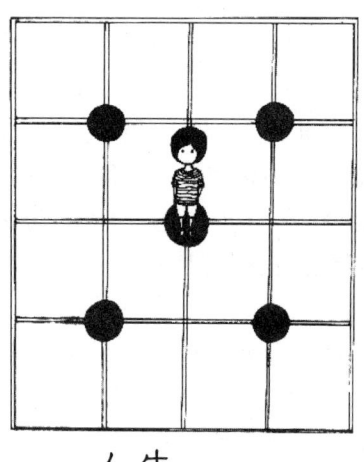

人生的路都是自己一步一步走出来的

心灵 SPA

很多人抱怨生活很无聊、没有意义,或者感到生活缺少快乐、没有幸福感,觉得自己是世上最倒霉、最不幸的人。其实,这些人都忽视了一个简单却又不为很多人所知的道理:人的生活都是一样的,在我们觉得自己不幸的时候其实还有更多比我们还不幸的人,只是我们都活在自己的世界里。如果我们能走出自己狭小的世界,走近生活,感受当下,才能感受生命的神圣和美好,爱自己,用心呵护生命的尊严,学会感恩,感受爱与被爱,你一定会最大限度地实现生命的价值。

一、感受生活

生命总是与对生活的感受相联系的,我们很多时候忽略去感受当下,感受真正的生活,我们经常去"看"生活,去"思考"生活,去"期待"生活,然后有了许多负面感受,因为"看",所以有了比较,有了不公平,产生了不平衡;因为"思考",产生了过多疑虑,产生了许多问题;因为"期待"总是不能实现,我们活在未来,对现状不满,周而复始地产生了许多不快乐。适当地放下"看",放下"思考",放下"期待",多"感受当下",多"感受生活",快乐油然而生。保持一颗平常心、接纳生活、品味生活,感受生命的复杂性、偶然性和神秘性,培养自己对于生命的幸福感、神秘感与敬畏感,才是生命的真谛。

二、爱从自己做起

很多人抱怨自己不被爱、不被关心,被他人所忽略,没有人可以帮助自己,然后自暴自弃,觉得生活一片黑暗。这个世界上,即使你被所有人抛弃,所有人都遗忘你,所有人都不爱你,可是一定还有一个人可以爱你,那就是你自己!一个值得被别人所爱的人,一定是一个先爱自己的人,爱自己的人,才有能力去付出爱去爱别人,才懂得去爱别人。

三、学会感恩

感恩,是积极心理学的一个范畴,它对个体的发展起着重要的作用,不少研究者指出感恩与人们的积极情绪、主观幸福感等因素都有相关。始终怀着一颗感恩的心生活,我们会时时发现生活的美丽,感受生命的快乐。当生活失意时,更应该学会用心感恩生活,找出幸福的理由,罗列生命的精彩和生命存在的意义。

感恩母亲,你给予了我生命;
感恩父亲,你给予了我坚强;
感恩爱我的人,给予了我值得回味的爱;
感恩让我爱的人,让我体验到了付出比得到更快乐;
感恩所有的人,是你们让我懂得了人生……(黄新红 2013)

心海瞭望

在现实中,许多人在艰难困苦中仍然希望生命之花常开不败,希望每一片生命的叶子苍翠欲滴,不能不使人深深感动。

无臂钢琴王子

　　一个失去双臂的瘦弱青年，用双脚弹奏钢琴浪漫王子理查德·克莱德曼的经典曲目《梦中的婚礼》，所有听众都沉浸在这个残疾青年所营造的缠绵悱恻、浪漫多情的音乐氛围中，去感悟人生与爱情的神圣庄严。

　　这是东方卫视播出的《中国达人秀》电视节目的一幕。这位失去双臂的青年叫刘伟，23岁的他没有双臂却能在黑白琴键上弹奏出悦耳动听的旋律。他成为网络红人，短短3天内视频点击率就达20余万次。他打动了所有观众，人们亲切地称他为"无臂钢琴王子"。刘伟的人生感言："我的人生只有两条路，要么赶紧死，要么精彩地活着！"感动了许许多多的中国人。

　　刘伟十岁时因触电意外失去了双臂，他开始锻炼用双脚代替双手。经过长时间艰苦训练，刘伟的双脚逐渐灵活起来，可以穿鞋、穿袜子、拿勺子吃饭，甚至连用电脑打字都不在话下。

　　出于兴趣，上学后的刘伟还在课余时间练游泳，可没想到，小伙子的确有这方面的天赋，2005年、2006年连续两年获得了全国残疾人游泳锦标赛百米蛙泳项目的冠军。两年前，这位游泳冠军又开始迷上音乐，跟老师学习一段时间，又自己看书，自己琢磨着作词、作曲、编曲。经过不到两年的时间，刘伟用脚弹钢琴已达到七级的水平。

　　就这样他开始自己的音乐道路。他是一个遇到问题很执着的人，必须把它弄明白，必须做到最好。就我们正常人来说，练钢琴都是件很难的事情，更何况刘伟没有双手。但是，刘伟就给我们或是说给世界创造了一个奇迹，他用脚弹钢琴。

　　当刘伟第一次坐在钢琴前面，他才发现，用脚弹钢琴远要比他想象的难得多。由于钢琴比较高，刘伟的脚没有支撑点，双腿完全是悬空的，长时间的练习，就会非常劳累。父亲用木板为刘伟做了一个和钢琴一样高的放脚的架子，刘伟悬空的脚垫在上面就不那么辛苦了。然而，各种难题又接连出现了：手指和脚趾的作用和形状差别很大，大脚趾短且宽，稍微歪一点就会带键。通过一段时间的练习，刘伟用自己独特的方式，已能用脚弹出一个个标准的音符，这对于他来说是相当不容易的。但是，他没有放弃过。那一段时间，刘伟用脚练钢琴达到了痴迷的程度，他半个月没有迈出自己的房门，除了吃饭，他就是坐在钢琴前研究、摸索尝试，每天都练七八个小时，甚至有时他练到脚抽筋还不停地练。经过两个多月的埋头苦练，他终于熟练掌握了自创的脚趾指法，并可以用左右脚进行和声演奏。三个月后，他弹出了第一首完整的乐曲《雪绒花》，六个月后，他弹出了达到钢琴七级水平的《梦中的婚礼》。通过自己的理解和分析，他创造了有自己风格的音乐，克服了常人所不能克服的困难，他终于笑了……

　　刘伟说，到了今天，能不能在舞台上取得好的成绩，并不是他最关心的。重要的是，现在有很多人认识了他，听到了他的琴声，如果大家能从他身上感受到一种积极阳光的力量，他会更加荣幸。

推荐书目

1. 孙效智等.《打开生命的16封信》. 中国青年出版社，2011.
2. 利奥·巴斯卡利亚.《一片叶子落下来：关于生命的故事》. 任溶溶译. 南海出版社，2006.
3. 阿德勒.《生命对你意味着什么》. 江苏人民出版社，2012.

第二节 挫折应对——承载生命之重

心灵导读

据《上海青年报》报道：开学没几天，上海就有4名中学生因一点小委屈等不同原因相继跳楼自杀。

我们所熟知的汶川地震中，那个双手双腿砸伤，被挖出后到救助站都没哭，却会微笑着对别人说"要勇敢"的初三女生高莹，她在被埋的20个小时里，忍着痛在废墟下轻声唱歌给同学们听，声音一如既往的清亮。

我不清楚那四名中学生自杀的动机是什么，或许，他们是在生活中遇见了不同的程度挫折吧，这些挫折是什么呢，考试不及格?留级?被老师批评了?还是，总是遇见不顺心的事呢?

可是那个女孩，那个有着相似年龄的名叫高莹的女孩，她遇见了什么呢?她的双腿被石块和课桌挤压得严重变形，她甚至感觉不到疼痛;她在废墟下熬过分分秒秒都是难事，她却要等待20个小时;她的双腿要被截肢，截肢后的每次换药她的脸都因疼痛而皱成一团，她却要咬牙忍受这样的剧痛……她遇见的不是挫折，她遇见的是灾难，她承受的不是生活的不愉快，她承受的是生命的大劫。可是、可是……她却在微笑，为庆幸自己还活着而微笑；她却在唱歌，给自己也是给别人在唱歌；她却在说"要勇敢、不要哭"，给地震中所有受伤的人传递着勇敢的力量；她却在被截肢的伤口换药的时候，不要护士给她打止痛针，她说，我能忍……

只因为她从一开始就知道，生命是一种始终如一的热爱，无论在何时何地，遇到怎样的艰辛怎样的困苦，她都是那样执着而深沉地热爱着自己、尊重着生命、永不抛弃、永不放弃。她向众人展现出了一种强大的内心，一种可以吞噬去生命中所有的黑暗和灾难，转而绽放出尊重和热爱生命的火花的强大的内心!

冰心说："在快乐中我们要感谢生命，在痛苦中我们也要感谢生命。"托尔斯泰说："最困难而又最幸福的事，就是在自己遭受挫折和痛苦时，同样也爱这个生命。"

请一步一步地走下去，踏踏实实地走下去，永不抗拒生命交给我们的重负，因为，我们会在蓦然回首的那一瞬间，读懂生命给我们公平的答案和又一次乍喜的心情。一如既往地去热爱自己的生命、尊重和发展自己的生命吧，不要停息你对生命的热爱，度过你眼前暂时的低潮，去迎接生命的下一个高潮。

心灵解码

有谁愿意遭受挫折？谁不希望自己的一生一帆风顺？谁不希望成功的喜悦永远伴随着自己？然而，这仅仅是我们的一个美好愿望，在通往成功与幸福的道路上，还要途经一段布满荆棘的必经之路。当我们面对这片荆棘时，又该怎样做呢？

挫折一般有两层意思，即挫折情境和挫折感受，前者指阻碍目标实现的各种主、客观因素，也称挫折源；后者指由于挫折情境而产生的愤怒、恐惧、焦虑不安等反应，也称挫折感受。

在遇到挫折后，我们无法改变挫折情境，但是，我们可以控制挫折感受。挫折情境与挫折感受有着密切的关系，但并非总是成正比。一般来说，挫折感受只有在特定的挫折情境下才会产生，而且挫折情境越严重，所引起的挫折感也可能越强烈。比如，生活中重大事故要比一般的错误对人产生的震动更大；生离死别要比暂时分离更能引起强烈的内心反应。长期而剧烈的挫折感，常会摧毁一个人的精神，扭曲一个人的心灵。

挫折情境与挫折感受，并不是一个简单的刺激-反应的过程，而要受到个体实际状况的诸多制约。它包括个体的生理状态、心理状态和思想状态等，其核心是认识方式和挫折承受力。心理挫折是一种主观感受，面对同样的挫折情境，不同的个体会有不同的挫折感。心理健康水平高的大学生，虽面临较大的客观挫折情境，但挫折感受并不大，他们往往有较强的承受力。反之，心理健康状况较差的人，即使挫折情境不大，但引起的挫折感受可能会很大。

对于我们来说，遭遇挫折不一定是一件坏事，关键是看我们以什么样的态度来对待它。只要我们以正确的态度对待挫折，有迎难而上、坚韧不拔的意志，勇敢地战胜它，就可以获得成功。

人的一生，就是一次远足旅行。在这个漫长的旅途中，我们难免遭遇挫折。有的人因为挫折而失去斗志，从此一蹶不振；有的人却积极面对，虽然伤痕累累，却是越挫越勇，最终找到那个通往成功的出口。因此，如何应对挫折？如何从挫折中站起来？怎样让生命中的挫折，转变成我们的助力？将是我们获取成功的关键。

心灵 SPA

挫折对我们来说是一种危机,也是一种挑战。美国著名心理学家马斯洛曾说过:"一个人面临危机的时候,如果你把握住这个机会,你就成长。如果你放过了这个机会,你就退化。"

面对挫折,勇敢迎接,冷静下来后,你可以给自己提出以下四个问题:

(1)是什么?——确定自我心理的困扰是哪种类型的挫折引发的挫折感。

(2)为什么?——寻找导致困扰的原因。

(3)怎么办?——采取合理有效的应对方法。

(4)怎么样?——监督、巩固心理调适的成效。

或者可以这样想:

(1)究竟发生了什么问题?

(2)问题的起因何在?

(3)有哪些解决的办法?

(4)用什么办法解决问题?

当我们能够冷静地提出问题,并寻求解决问题的方法的时候,我们也就开始向新的高度成长了。

一、正确认识挫折——必然性与双重性

我们都有过梦幻般的童年,对人生都有过绚丽多彩的向往。然而,挫折——这一人生不可避免的客观现实,却是我们生活的组成部分,每一个人都会遇到。

我们是自然人,也是社会人。无论是人与自然形成关系的过程,还是人和人之间形成关系的过程,都不可能是一帆风顺的,困难和挫折是不可避免、也是不可回避的。

它一方面使我们前进的步伐受到阻碍,从而产生忧虑、焦虑、不安、恐惧等消极心理。另一方面,适度的挫折具有一定的积极意义,它能够增强个体的心理承受能力,让我们在挫折中不断学习、总结,从逆境中重新奋起。

每个人都会面临挫折——不要怕

每次挫折都会过去——不要逃避

每次挫折都有转折点——不要颓废

每次挫折都会对人产生影响——不要绝望

不要盯住挫折不放——不要不能自拔

二、找出导致挫折的"真凶"——正确归因

正确归因就是我们对遭受挫折的原因进行客观分析,通过实事求是地分析以求明确问题的真正原因。当我们面对挫折时,能否正确归因将直接关系到我们能否成功应对挫折情境。造成挫折的原因不外乎两类:外在客观因素和内在主观因素。

如果你是倾向于外归因的人,惯常认为自己的行为结果是受自己无法预料和控制的外部因素控制的。如一个学生认为自己成绩不好主要是由于教师教学水平或是考卷难度太大方面的原因。如果是倾向于内归因的人,则认为行为结果是受自身的能力、自己的努力程度等内部力量控制的。如一个学生认为自己成绩不好是由于自己学习不够努力造成的。

正确归因的要诀——"四要四不要":

(1)要保持冷静,分析遭受挫折的主、客观原因,明确问题的真正原因,不要主观臆断。

(2)要实事求是地承担责任,不要过分承担或完全推诿责任。

(3)无论在任何情况下,要首先从我们自身找原因,而不要一味地埋怨外部环境。

(4)要尽可能地分析、明确自身可以控制的原因,不要多归结于自身不可控制的因素。

确属客观必然性的原因,我们是无法避免的,对此,我们要正确对待;属于偶然性因素或者是本人主观原因造成的挫折,我们可以通过自己的努力、勇气和意志力走出挫折的阴影。

三、我该做些什么呢

(一)合理宣泄法

我们在受挫时,会产生很多负面情绪,对于这种情绪,我们既不能不理它、不管它,也不能压抑它,而是应该用适合自己的方法进行宣泄,以保持积极、乐观、向上的情绪状态。

(1)"诉"——倾诉衷肠。

将自己内心因挫折而产生的痛苦、压力等感受向亲人、朋友、老师,甚至不相识的人倾诉。适度倾诉,可以将负面情绪随着语言的倾诉逐步排解出去,从而给我们以适当抚慰,令我们鼓起勇气、重新振作。

(2)"打"——"宣泄室"宣泄。

通常是在一间专门建立的软体房间内,摆放着沙袋或者橡皮人,我们可以对着沙袋、橡皮人拳打脚踢,以消除、发泄心中的负面情绪。

(3)"哭"——适当地哭一场。

哭,并不代表就是弱者,其实那也是一种宣泄的表现。哭,不仅能够让人抒发感情,释放不良情绪,同时也会对我们的身体健康产生积极影响,能起到调节机体平衡的作用。

(4)"喊"——痛快地喊一回。

当我们因不良情绪而产生困扰时,可以尝试痛快地大喊一回。无拘无束地大声喊叫,有助于我们宣泄负面情绪。

（5）"写"——书写宣泄。

当我们在因为受挫而产生负面情绪时，还可以通过写信、写日记、绘画等形式来发泄自己的不满。

（二）注意转移法

当我们遭遇挫折，烦恼苦闷、情绪不好时，可以做一些自己平时感兴趣的事情，以此来暂时回避它。通过看电影、电视，听音乐，看书、看报纸，旅游，进行体育运动或其他有意义的活动，有利于消除不良情绪，使自己从消极负面的情绪影响中走出来。

（三）优势比较法

优势比较法是指当我们面对挫折时，可以去想那些比自己受挫更大、困难更多、处境更差的人，通过比较，将自己的失控情绪逐步转化为平心静气。与此同时，寻找分析自己没有受挫感的方面，即找出自己的优势点，找到自己自信的原点，强化优势感，抵消负面情绪，从而增强自我的挫折承受力。

（四）目标法

当挫折来袭，它或多或少的打扰了我们原有的生活，干扰了自己原有的计划，打乱了自己原有的目标。这时，就需要我们重新寻找一个方向，确立一个新的目标，这就是目标法。

新目标一旦确立，我们就会有调节和支配自己新行动的信念和意志力，从而排除挫折干扰，去努力进行达到目标的行动。目标法既可以抑制和阻止我们不符合目标的心理和行动，又可以激发和推动我们去实施达到目标所必需的行动，从而鼓起我们战胜困难的勇气。

（五）反向思维法

即换个角度看问题，在遇到挫折时，要从积极的方面去想，努力从不利因素中找到有利因素，从而调动自己的积极性。生活中自会有"否极泰来"、"因祸得福"之事。

心海瞭望

在美国有这样一件事：有一位青年在一家公司做得很出色，他为自己描绘了一幅灿烂的蓝图，对前途充满信心。突然这家公司倒闭了，这位青年认为自己是世界上最不幸、最倒霉的人,他垂头丧气。但是他的经理,一位中年人拍了拍他的肩说:"你很幸运,小伙子!""幸运?"青年人叫道。"对,很幸运!"经理重复一遍,他解释道:"凡是青年时候受挫折的人都很幸运,因为你可以学到如何坚强。如果一直很顺利,到了四五十岁,忽然受挫,那才叫可怜,到了中年再学习,实在是太晚了。"

路德维希·凡·贝多芬(Ludwig Van Beethoven,1770-1827),德国最伟大的音乐家之一。出身于德国波恩的平民家庭,很早就显露了音乐上的才能,八岁开始登台演出。1792年到维也纳深造,艺术上进步飞快。贝多芬信仰共和,崇尚英雄,创作了有大量充满时代气息的优秀作品,如:交响曲《英雄》、《命运》;序曲《艾格蒙特》;钢琴奏鸣曲《悲怆》、《月光》、《暴风雨》、《热情》等。他一生坎坷,没有建立家庭。二十六岁时开始耳聋,晚年全聋,只能通过谈话册与人交谈。但孤寂的生活并没有使他沉默和隐退,在一切进步思想都遭禁止的封建复辟年代里,依然坚守"自由、平等"的政治信念,通过言论和作品,为共和理想奋臂呐喊,写下不朽名作《第九交响曲》。他的作品受十八世纪启蒙运动和德国狂飙突进运动的影响,个性鲜明,较前人有了很大的发展。在音乐表现上,他几乎涉及当时所有的音乐体裁,大大提高了钢琴的表现力,使之获得交响性的戏剧效果;又使交响曲成为直接反映社会变革的重要音乐形式。贝多芬集古典音乐的大成,同时开辟了浪漫时期音乐的道路,对世界音乐的发展有着举足轻重的作用,被尊称为"乐圣"。

推荐书目

1. 张旭东,车文博.《挫折应对与大学生心理健康》.科学出版社,2005.
2. 陈林.《挫折是上帝掉下来的礼物》.北京航空航天大学出版社,2009.
3. 海伦·凯勒.《假如给我三天光明》(海伦·凯勒自传全译本).华文出版社,2002.

第三节 管理生命——做时间的主人

心灵导读

古人说,一寸光阴一寸金,寸金难买寸光阴。现在又有人说,时间是金钱,时间是效益。他们都是从时间的宝贵和时间的物质价值上来思考而提出的命题。从哲学终极命题上来思考,我认为,时间是生命。从人的物质发展形态上讲,人是通过一定的时间孕育而生的,人的一生只是一个时间过程——从生到死;从人的精神发展形态上讲,人的价值是通过时间体现出来的——有的人已经死了,但他还活着;有的人还活着,但已经死了。这里所说的"活着"或者是"死了"都是以时间来判断的。有的人是万世英雄，有的人却是千秋罪人；有的人彪炳千秋，有的人遗臭万年，都是由历史实践来判断他们的。正因为这样，我们必须要像珍惜生命一样珍惜时间，要像热爱生命一样热爱生活，用自己的人生价值去翻开每一页日历，迎接每一天的新生，用有限的生命去创造无限的价值。

心灵解码

人的生命是有限的，我们如何用有限的生命去创造无限的价值，实现生命的意义。有效地管理生命，合理安排我们有限的时间是关键。

我们可能有这样的经历：才来到一个地方，就会想到下一个需要赶往的去处；刚开始着手做一件事，内心的不安就会袭来，因为还有更多的事情等着去做。我们这一刻的生活总是伴随着对下一刻的焦虑而忙碌着，时间的稀缺与事物的繁芜，让我们不得不重视对时间进行合理规划和有效利用。

所以，有人说任务紧迫性及由此产生的忙碌，多数是因为我们自己造成的。一项国际调查表明：一个效率糟糕的人与一个高效的人工作效率相差可达 10 倍以上。尽管在很多时候，我们清楚应该从最为紧迫的事情做起，但是当需要短期内完成的事情太多，我们又往往会丢三落四，造成不必要的麻烦。

那么什么是时间管理呢？所谓时间管理，是指用最短的时间或在预定的时间内，把事情做好。他不仅要决定我们该做些什么事情，还帮助我们决定什么事情不应该做。

我们需要强调的是，时间管理不仅仅是指突然的某一天，来自多方的事物让我们忙得不可开交，我们开始将这些事物尽心简单的规划与厘清，而后按部就班采取的行动。时间管理更是一种长期性的工作，它表明了一种工作态度与能力。记得比尔·盖茨曾经说过，他的日程是一年之前就要安排好的。这样的态度才能使得他的工作变得井井有条，而不是太多突发与偶然性事物的碰撞导致的手忙脚乱。

时间管理不是对时间的完全掌控，而是降低变动性。时间管理最重要的功能是透过事先的规划，作为一种提醒与指引，从而使学习与生活变得井然有序。

本节的目的是希望我们能够学习一种自我管理、自我规划的方式，并通过实践将这种生活意识深入心中。通过学习"时间管理"的科学方法，将每天必做的事情分门别类，给自己一个充实忙碌却不繁乱的生活；这不仅适用于当下的大学生生活，也可以帮助我们在未来面对复杂的工作、生活、学习冲突时，寻找到在保证减轻压力、释放自己的前提下将工作保质保量完成的方法。

我们的一天是不是也是这样度过的呢？本来想做的事情结果始终没有做成，反而仍然觉得非常忙碌。我们会产生这样一种越发强烈的感觉："我只是在匆匆忙忙的应付一件又一件接连不断的事情""我的时间越来越不够用了"。善于利用时间的人不会把时间花在不需要的事情上，而会花在有意义的事情上。不会管理时间的人就像这农夫一样忙得晕头转向却忘记了最重要的事是耕地，最后一事无成。可见，时间的管理与利用对我们实现自己的目标是多么的重要。时间管理就如铁桶装物：如果不是首先把缝隙较大的石块装进铁桶里，那么我们就再也没有机会把石块装进铁桶里了，因为铁桶里早已装满了碎石、沙子和水，他们之间没有多少缝隙可以容得下石块。而当我们先把石块装进去，铁桶里会有很多意想不到的空间来装其他的东西。因此，在我们的生命中，必须分清楚什么是石块，什么是碎石、沙子和水，并且总是把大石块放在第一位，然后用剩余的空间来收集其他的东西。

怎么区分我们生命中的大石头呢？我们可能不知道什么事情应该先做，什么事情应该后做，面对什么诱惑我们应该坚决地说不。我们应当对要做的事情分清轻重缓急，进行如下的排序（图3-1）：

（1）对重要和紧急的事情当然是立即就做。
（2）而对不重要不紧急的事情不做。
（3）平时多做重要但不紧急的事情。
（4）对紧急但不重要的事情选择做。

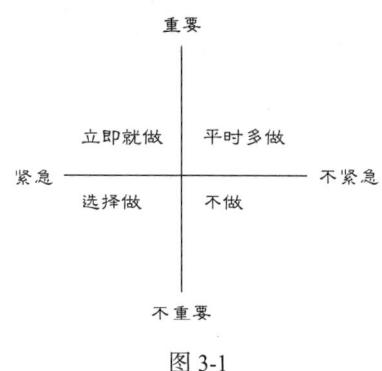

图 3-1

当我们将需要做的事情进行归类之后，我们才会发现，面对烦琐事务的焦虑是完全可以避免的。当然，如上的模型偏重个人体验，在群体中我们如何去做？我们对自己的目标与计划进行第二层次的解释：

（1）会影响群体利益的事情为重要的事情；
（2）上级关注的事情为重要的事情；
（3）会影响绩效考核的事情为重要的事情。
（4）对组织和个人而言价值重大的事情为重要事情（重大包括金额和性质两方面）。

最后，我们将如上归纳总结，构建出时间管理相对有效的模型，我们称之为："优先性矩阵模型"。如图3-2所示。

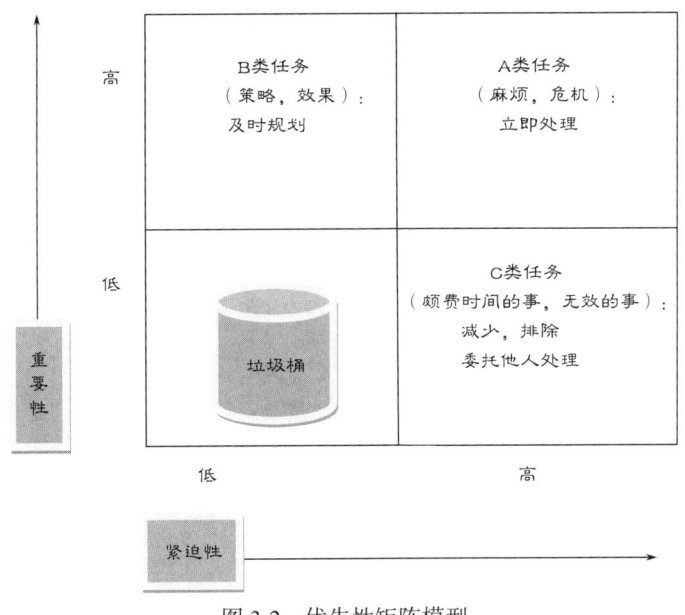

图 3-2　优先性矩阵模型

A 象限：既重要又紧急的任务必须加以处理，而且多数时候必须自己着手进行。该象限涉及的往往是一些紧急状况、困难甚至危机，因为重要的任务在尚未显得紧急之前就应该被完成。

B 象限：重要但不紧急的任务，自己应该对这类任务进行合理的规划，并及时为其规定完成期限。

C 象限：并不重要的任务一般会占据我们时间预算中的绝大部分。可以说这里是我们最大的一个时间储备库，如果能将这部分时间合理地分配给其他象限的任务，我们的效率就会得到极大的提高。我们应当尽可能减少、排除这类任务，或者将他们委托给其他人去处理。

D 象限：既不重要也不紧急的任务其实完全可以被忽略掉。我们可以放心地把它们丢进真实的或者虚拟的垃圾桶中。倘若事后证明这些任务具有重要性或者紧迫性，那么肯定会有人来询问相关事宜，或者进行督促。

心灵 SPA

了解了时间管理的基本原理，那么我们需要如何来做到时间管理呢？

一、厘清管理的内容

时间管理既包括对整个人生各个领域方向进行的系统管理，也包括在某一具体时间段对事物的管理。"时间管理"教父德国心理学家洛塔尔·赛维特在其著名的《压力管理》一书中系统阐述了他的"生活平衡模型"。他认为，人的行动分为思想文化、身体健康、工作成就、家庭交际几个方面，并将其衍生出的具体活动，他认为所谓的时间规划，就是要通过各方兼顾达到生活平衡。如图3-3所示。

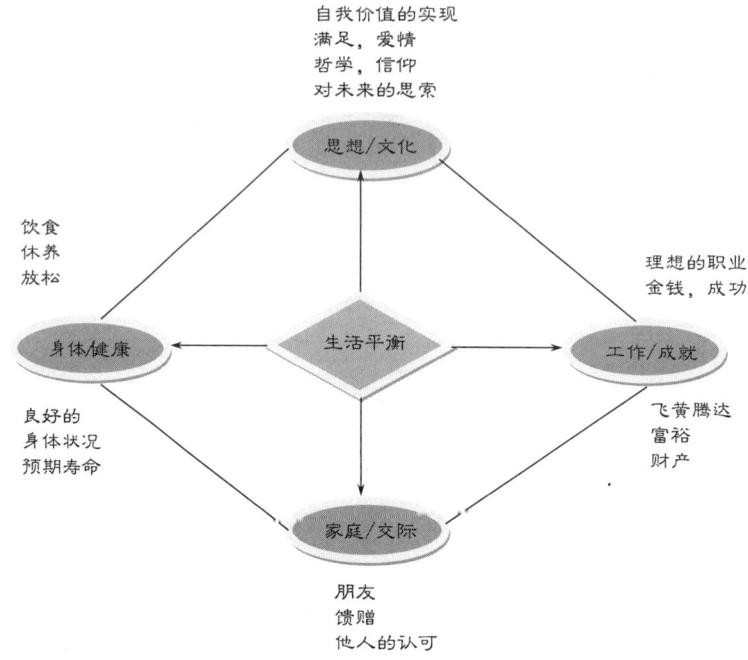

图3-3　生活平衡模型

进行时间管理，必须要首先保持生活平衡，因为生活平衡是开展工作的前提与目的。作为大学生来讲，如果赋予学习专业课程太多的时间，留给社团活动的时间必然就减少了；相反，如果我花费在社团上的时间过多，在学习中马上就会遇到困难。如果进入工作，加入了更多的人际关系要素，这样的问题就会更加突出。因此，我们必须首先权衡各方，认清自己需要做的那些方面的事情，在人生哪些时候哪些方向应该有所侧重。

二、借助优先性矩阵，将需要解决的任务排序，多做重要不紧急的事情

时间管理的理论庞杂繁复，针对大学生来讲，优先性矩阵是相比较而言较为实用的方法。我们将需要做的事情详细列出来，以优先性矩阵的方式将其分门别类，这样，我们可以清楚地认识到需要处理的任务。同时多做重要不紧急的事情。

根据调查，普通人花在重要而急迫、重要但不急迫、不重要但急迫，不重要且不急迫这四类事情上的时间比例为：25%~30%、15%、50%~60%和2%~3%。我们主要的时间花在了不重要但急迫的事情当中。按我们的思维来说应该是重要而急迫的事情最耗时

间啊。其实不是这样的，重要而急迫的事情通常都会被快刀斩乱麻地解决掉，占不了多少时间。相反，我们很多时间花在接电话、与回复同事的 email/popo 信息、查找资料（文件）等不重要但急迫的事情上。因此给自己重新设定期望值，按以下比例分配时间：20%~25%、65%~80%、15%和<1%。重要但不急迫的事情要花费超过三分之二的时间，因为它随着时间的推移会变化为重要而急迫的事情，把问题消灭在萌芽状态，无疑是最好的时间管理。

三、针对具体事情，再制订详细流程，立即行动

如果我们背诵一百遍"少壮不努力，老大徒伤悲"，或者背诵一百句珍惜时间的名言，对做完事情的意义都是等同的。当我们的内心已经认识到时间的宝贵之后，需要做的就是马上行动起来。

一百句名言也抵不上一个具体的行动。我们只需要按照事物的重要与否的先后顺序，按部就班、一心一意地做完一件事情再做下一件，就不会为心头挥之不去的繁重的压力所拖累。

这仅仅是一个必须经历的路径。在这之外，还有非常多方法与要求，诸如：

避免打扰。每天至少要有半小时到一小时的"免干扰"时间，假如能有一个小时完全不受任何人或事干扰，把自己关在独立的空间里思考或者工作，这一个小时的效率可以完成一天单位时间的工作量，甚至有时候这一小时比你两天工作的效率还要高。

同类的事情最好一次做完。假如在做纸上作业，那么纸上作业完成前不要被别的事情转移注意力；假如是在思考或规划，用这一段时间只做思考或规划；打电话的话，最好把相关的电话集中到某一时间一次把它们打完。当重复做同类事情时，效率会大大提高。

当然，我们必须懂得，单纯的时间规划与安排式管理是无法满足外界对我们提出的各项要求的。我们可以通过有效的时间管理及自我管理方法最大限度地提升自己的效率，比如对工作重新进行规划，但总有一天我们还是会达到极限。那时候我们所面对的就不是"要求"，而是"苛求"了。

所以，当我们已经采取了时间管理的正确方法，发现依然不能将事情完成的时候，就必须有所放弃。正如我们不能在十个溜冰场一起滑冰，不可能和每个人成为知心朋友，不可能每天大吃大喝又要减肥，现代社会给我们提供了很多选择可能性，我们总是害怕因为某个决定而错过了些什么，我们必须认识到：每一次我们决定放弃一些事情的时候，其实也就选择了主动安排自己生活的机会。

心海瞭望

铁桶实验

一位老人在传授给孩子们如何学习。令孩子们不解的是，桌上放着一个大铁桶，旁

边还有一堆大小不一的石块。"我能教给你们的都教了,今天我们只做一个小小的测验。"老人把石块一一放进铁桶里。

当铁桶里再也装不下一块石头时,老人停了下来,问:"现在铁桶里是不是再也装不下什么了?""是。"孩子们回答。"真的吗?"老人问。随后,他不紧不慢地从桌子底下拿出了一小桶碎石。他抓起一把碎石,放在已装满石块的铁桶表面,然后慢慢摇晃,然后又抓起一把碎石……不一会儿,这一小桶碎石全装进了铁桶里。

"现在铁桶里是不是再也装不下什么了?"老人又问。"还……可以吧。"有了上一次的经验,孩子们变得谨慎了。"没错!"老人一边说,一边从桌子底下拿出一小桶细沙,倒在铁桶的表面。老人慢慢摇晃铁桶。大约半分钟后,铁桶的表面就看不到细沙了。"现在铁桶装满了吗?""还……没有……"孩子们虽然这样回答,但心里其实没底。"没错!"这一次,老人从桌子底下拿出的是一罐水。他慢慢地把水往铁桶里倒。很快,一罐水全部被倒进了铁桶里。孩子们都睁大眼睛看着容量不可思议的铁桶。

接着,老人又拿出了个空的铁桶,先装进了同样多的水和细沙,再开始装入大石头和碎石,可是没有装几块,水就已经溢出了铁桶。

推荐书目

1. 吉姆·兰德尔.《时间管理——如何充分利用你的24小时》. 舒建广译. 上海交通大学出版社,2012.
2. 史蒂芬·柯维,罗杰·梅里尔,丽贝卡·梅里尔.《要事第一:最新的时间管理方法和时间控制技巧》. 中国青年出版社,2013.
3. 徐宪江.《哈佛时间管理课》. 中国法制出版社,2014.

第四章 与情绪同行

古语有云:"人非草木,孰能无情。"在生活中,我们常会遇到这样的情况:情绪好的时候,山含情,花含笑,什么都可以想通;情绪欠佳的时候,"感时花溅泪,恨别鸟惊心",什么都无法接受。怎样才能情绪舒缓,内心平和地过呢?

第一节 认识情绪——探寻阴晴不定的根源

心灵导读

亲爱的同学,你能想象出没有情绪的人会怎样生存吗?你的头脑可能会浮现出这样一个画面:当人们对你微笑时,你面无表情;当人们怒目而视时,你面无表情;当所有人都痛哭流涕时,你面无表情;当所有人都欢呼呐喊时,你面无表情……你无法知觉到别人对你的感情,你无法做出相应的回应。此刻你是否意识到:情绪很重要。

人的一生都和情绪有关系,一生都要同它打交道。比如:小孩子一开始就懂得他要会哭才有人照顾他,如果不会哭,根本就没有人理他,甚至会把他忘记。对于孩子而言,哭就成为了一种工具,因为他们还不会说话,所以要用哭来吸引大人的注意力。

我们时时刻刻和情绪在一起,但我们可能并不了解情绪。仔细想想,我们是否还有过这样的经历,比如,我们告诉自己:"根本没有必要害怕",恐惧却将我们吞噬;我们告诉自己:"要乐观!要坚强!"悲伤却源源不断地从心底喷涌出来;我们告诉自己:"不要紧张!放松!"但整个身体却很不自在,呼吸急促、手心出汗。情绪到底是什么?情绪对我们来说有什么意义呢?情绪为什么不听话?

心灵解码

谈到情绪,想起曾有男生问我:"老师,我女朋友又闹情绪,怎么办呀?"好像情绪是不好的。其实,情绪没有好坏之分,它是人的内心世界的"窗口",是人受到某种刺激所产生的一种身心激动状态。

首先，情绪的原始目的在于促进自身需要的满足，根据自身需要是否满足会产生不同的内在感受，如：当自己的某些需要得到充分满足时，会感到幸福愉快；当失去心爱的人时，会感到悲伤；当面临极度危险时，会产生毛骨悚然的恐惧。这些感受在个体间既有共性又有差别。

其次，情绪过程伴有生理唤醒，会影响机体许多器官的活动。在不同的情绪状态下，人的心律、血压、呼吸以及内分泌、消化系统等都会发生相应的变化。例如：悲伤时会出现食欲减退、消化不良等不适；激动时会出现血压升高、心跳加快的现象。

最后，不同的情绪有不同的外在表现。情绪可以反映到人的面部表情、身体姿势和行为活动中，比如：悲伤时"两眼无光"，高兴时"手舞足蹈"，悔恨时"捶胸顿足"。而且情绪的外在表现经常成为人们判断和推测情绪的指标。

美国心理学家普拉切克提出人有八种基本情绪：悲痛、恐惧、惊奇、接受、狂喜、愤怒、警惕、憎恨，我们通常认为人具有四种情绪：快乐、愤怒、恐惧和悲哀。基本情绪不同组合派生出复合情绪，如由愤怒、厌恶和轻蔑合起来的复合情绪可称为敌意；由恐惧、内疚、痛苦和愤怒组合起来的情绪可叫做焦虑。

情绪是个变脸高手，它可能以各种形式出现在我们身上。有人认为情绪是我们的朋友："我体会到满心的喜悦"，有人把情绪看作敌人："我恨不得自己的心是石头做的，此刻没有任何知觉"。

作为大学生，我们身上会有哪些普遍的情绪特点呢？

18～35岁这个年龄阶段是个体从"疾风怒涛"的青年前期而逐步走向一个相对平稳、相对成熟的发展时期。而大学生群体正处于这一时期的最前面，面临了新的发展任务，包括学习深造、就业、择偶等。心理学家埃里克森认为这个时期个体的任务在于获得亲密感，避免孤独感，体验着爱情的实现。因此面对着众多而又重要的发展任务，大学生的心理素质开始受到严峻的挑战，而且会经历各种复杂的情绪体验。主要表现在以下几个方面：

一、情绪体验的扩展性

大学生活的丰富多彩使得大学生的情绪活动对象扩大，产生许多前所未有的情绪体验。进入大学，学习生活的环境发生了巨大的变化，情感的体验更多的不再局限于之前的学习成绩以及家庭，而是扩展到了更为广阔的世界里。人际关系、社会实践、自己的兴趣爱好、对于国家社会的关注、对于爱情的向往和追求等很多方面都为大学生的情绪情感体验开辟新的天地。

二、情绪的波动性和两极性

与中学生相比，大学生的情绪兴奋性仍然较高，有时好激动，情绪容易波动起伏。表现为会因一时成功而欣喜、激动不已，又会因一点挫折而垂头丧气、沮丧，呈现情绪两极间的波动；有时还可能出现莫名其妙的情绪交替变化。相比成年人更加敏感，一句善意的话语、一个感人的故事、一首动听的歌曲、一首情理交融的诗歌，都可以致使我们的情绪发生骤然变化。有调查显示大学生百分之七十的情绪都是经常两极波动的。

三、情绪的心境性

随着大学生认知思维的发展，大学生已不像中学生那样情绪主要受外界环境的控制，他们的情绪易于心境化。他们的情绪一旦被激活，即使刺激消失，他们仍然分析与思考，使得激情的状态转化成一种心境。这种情况具有两重性，正性激情转化为心境后使学生保持乐观的情绪，并成为不断前进的动力。而有的负性事件引发的狂躁、愤怒等可能会转化为一种压抑，长时间的没有热情快乐的心境。如果这种不良心境持续时间太长，极容易产生心理问题，乃至影响学习、生活和身体健康。

四、情绪的文饰性

由于个体的自尊心比较强，大学生更多的注意自己的情绪在特定环境中的适切性。当环境不适宜的时候，避免直接的情绪表达，而是通过文饰的方式，隐藏自己内心的真实体验，用自己认为合适的方式表达自己的情绪。这样就可以保持自己在他人心目中良好的形象。

五、情绪的阶段性和层次性

大学阶段由于不同年级培养目标和培养重点不同，教育方式和课程设置都有所不同。因此不同年级的学生面临不同的任务和情绪体验。刚进大学，新的环境、新的目标、新的生活方式、新的同学老师对于不同的个体会产生各自不同的情绪体验。这一阶段情绪的波动性比较大。大二、大三则随着入学新鲜感的褪去，对于学业、情感、未来人生的重新思考以及其他事件也会给大学生带来丰富的情绪体验。这一阶段的情绪比较稳定。毕业时节的升学、择业、分离等使得成就感和压力感等混杂在一起，情绪有较大的起伏性。除此之外，不同个体之间情绪控制和管理的能力有较大的差异性。

总而言之，情绪伴我们成长，而且正是这些情绪赋予了我们生活的意义。我们对什么感兴趣，什么令我们着迷，我们喜欢谁，什么惹我们生气，我们为什么感动，为什么恐惧，又是什么让我们烦恼、心慌——诸如此类的问题都在帮助我们界定自己，赋予每个人独特的性格，构成完整的自我。

心灵SPA

情绪渗透在生活之中，人们所说所做的每一件事情均包含着情绪的成分。情绪反映在生理活动之中，反映在表达方式之中，反映在个体行为当中；它与认知相生相伴；它跨越文化，跨越人际，将人与人联系了起来。情绪是日常屡见不鲜并亲身体验着的一种心理活动。它给人们带来快乐和满足，又使人不可避免地遭受苦恼和折磨。随着言语交际，人际间进行着感情交流，无论是外显鲜明的彼此沟通，还是内隐含蓄的互相感染，通过面部表情、声调和姿态动作表达的情绪体验，准确地传递着有时是语言所不能陈述的细密而寓意深邃的信息。

认识自我情绪可以尝试下面几种方法：

（1）情绪记录法。做一个自我情绪的有心人。你不妨抽出一至两天或一个星期，有意识地留意记录自己的情绪变化过程。可以以情绪类型、时间、地点、环境、人物、过程、原因、影响等项目为自己列一个情绪记录表，连续记录自己的情绪状况。回过头来看看记录，你会有新的感受。

（2）情绪反思法。你可以利用你的情绪记录表反思自己的情绪，也可以在一段情绪过程之后反思自己的情绪反应是否得当，为什么会有这样的情绪？这种情绪的原因是什么？有什么消极负面的影响？今后应该如何消除类似情绪的发生？如何控制类似不良情绪的蔓延？

（3）情绪恳谈法。通过与你的家人、上司、下属、朋友等恳谈，征求他们对你情绪管理的看法和意见，借助他人的眼光认识自己的情绪状况。

（4）情绪测试法。借助专业情绪测试软件工具，或咨询专业人士，获取有关自我情绪认知与管理的方法建议。

心海瞭望

情绪、情感与情商的关系

情绪不同于情感，情绪具有较大的情境性和暂时性，情感则具有稳定性和深刻性，常用来表达高级的社会性情感。情绪具有外显性和冲动性，而情感则较为内隐和深沉。情绪与情感虽有不同但却是相互依存相互联系的，情感需要情绪来表达，情绪中蕴含着情感。

情商（Emotional Quotient，简称 EQ）又称情绪智力，是近年来国内外心理学家们提出的与智商（IQ）相对应的概念。它主要是指人在情绪、情感、意志、挫折容忍力等除智力之外的综合个性品质。情绪智力对于大学生来说具有重要的作用，从某种意义上说，它是大学生重要的生存能力，是发掘情感潜能、运用情感能力影响学习生活的良好品质。戈尔曼认为，在人的成功要素中，情感因素的作用大于智力因素的作用。他曾说："成功等于 20% 的智商加上 80% 的情商。"衡量情商高低有 5 条标准：是否了解自己的情绪；是否能够控制自己的情绪；是否能激励自己；是否了解他人的情绪；能否维持融洽的人际关系。

推荐书目

1. 卡拉·麦克拉.《情绪的语言》. 林琳译. 科学出版社，2012.
2. 泰勒·本·沙哈尔.《幸福的方法》. 汪冰，刘骏杰译. 当代中国出版社，2007.
3. 吉姆·丁克奇.《那些伤，为什么我还放不下》. 严小茶译. 广西科学技术出版社，2014.

第二节 觉察情绪——给自己按个"暂停"

心灵导读

有一次，我看到一位大娘在清扫马路，一边扫，一边抬头看看树上的叶子，最后将扫把一丢，坐在地上摇头叹气。我上前问她怎么了？她说："我刚刚才把地扫过，可是一阵风刮过，叶子又掉下来，根本扫不完，我还怎么扫？这些树是存心给我捣乱呢！"看，这位大娘居然在生一棵树的气。

可见，人的情绪极易受到波动，且并不限于对象与事件，随时随地都可能会有情绪。情绪亦是非常主观的经验，在人与人之间有很大的差异性。同样的事，对不同的人引发情绪的强度，可能从零到非常激烈。即使引起相似的情绪强度，个体的表现方式也会有极大的不同。比如：在我们的文化中，男人是不可以哭的，勇敢地在痛苦中硬撑才值得鼓励。而女性在情绪表达上则可以真情流露。所以同样是伤心欲绝，男性的表现是男儿有泪不轻弹，女性则早已泪流满面。

心灵解码

有时我们极力否定某种情绪的存在，或缩小其强度，以为这样就可以把情绪变成我们想要的样子。但其实这是把情绪扭曲、变形，见不到白天的情绪会腐烂变质。尽管我们对情绪命名为"负面/消极情绪"、"正面/积极情绪"，但其实并不能按照其字面含义来对待情绪：把负面情绪当作要避免的东西、消极的东西。这样，我们会极力否定那些愤怒、悲伤、沮丧存在的意义，我们不接受他们。也就失去了解决问题的立足之地：觉察自己的情绪、接受自己的情绪。

每一种情绪都是有能量的，每一种情绪都是有意义的，每一种情绪都在表达一个信号。人们可以凭借不同的表情来传递情绪信息和思想意图。在社会交往的许多场合，彼此的观点和态度仅靠言语无法充分表达，这时表情就起到了信息交流的作用。有时我们会努力去做某件事，只因为这件事能够给我们带来愉快与喜悦。

每一种情绪后面都隐含着行动的信号，我们需要第三只耳朵来听到。内疚是在告诉我们：自己想做的事情就马上去做，再拖下去就会让我们于心不安了。寂寞是在告诉我们：需要和周围的人、周围的事物发生联结，不要让自己封闭在狭小的世界里。恐惧是在告诉我们：我们没有安全感，需要一些方法找回内心的踏实。

情绪可以让我们正确知觉情境的危险，帮助我们适应环境。如动物在遇到危险时会呼救，就是动物求生的一种手段。假如一个人没有了害怕情绪，当生命安全受到威胁时就会不知道保护自己。因为情绪和个体的生理反应有相当密切的关系，当个体处于危险状况时，马上会有紧张害怕的感觉，伴随的是心跳加快、呼吸急促、分泌肾上腺素，由此产生"对抗"或"逃跑"的反应，以保护自己，回避危险。

情绪和健康有着密切的关系。心理学、生理学和医学研究成果表明：情绪对人的身心健康具有直接的影响作用。积极的情绪有助于身心健康，能增强肌体活力，进而提高免疫力和康复能力，抗拒心理和生理疾病的袭击。过度的情绪反应和持久性的消极情绪常常会成为众多疾病的根源。狂喜、暴怒、悲痛欲绝等，会让人的整个心理活动失去平衡，对心理健康产生极大危害，而且会造成生理机能紊乱，导致各种躯体疾病。有许多心因性疾病与人的情绪失调有关，例如溃疡、偏头痛、高血压、哮喘、月经失调等。有些人患癌症也与长期心情压抑有关。

心灵 SPA

如果一个东西对产生一个结果来说是必要的，但是只就它本身来说还不足以产生那个结果，科学家就称之为"必要不充分条件"。情绪觉察就是意识到当下的必要不充分条件。没有情绪觉察，你就无法意识到当下，因为当下包含了你的情绪。不过，很多人对他们的情绪认同是如此强烈，以至于他们被情绪淹没了。他们会毫无节制地哭或者笑，他们会被恐惧、嫉妒、愤怒、喜悦或者悲伤这些情绪席卷。这种时候，虽然他们可能以为自己是非常清醒的，但是，其实他们没有或者很少意识到自己的情绪，他们的注意力是放在周遭事物上的。因此，想真正去觉察自己的情绪，最好的办法就是"暂停"。只有暂停，你才能够把注意力拉回来。即学习从你的感受中跳脱出来看你的情绪，这样你就不再被它束缚，或者不再无法觉察到它是一种感受。当然，从你的情绪中抽离出来和被它所束缚是有区别的，它们之间的区别就像是站在一座桥上看下面湍急的水流和站在水中看的区别一样。当你在水中时，你只能看见它的一小部分——在你周围的水。比如说，当你生气的时候，你就只能够体验到你的愤怒。而当你在桥上时，你能够看到整条溪水——你能够看见愤怒靠近，流过桥下，然后流向下游，然后你又看见嫉妒靠近，流过桥下,然后又看见自卑流过,等等,这就是抽离。

简单举例:觉察自己的情绪,也就是时时提醒自己注意:"我现在的情绪是什么?"例如:当你因为约会时朋友迟到而对他板个脸、冷言冷语,马上"暂停"问问自己:"我为什么这么生气?这样子对他我会好过些吗?"问题来了,当我生气的时候,我一定会觉察到"我在生气"吗?未必!我们情绪起了变化的时候,注意力往往在引起情绪反应的事情上,也就是陷入情绪当中,很难"跳出来"看到当下的情绪。经常在事后,才觉察到"我刚才怎么发这么大火"。试着在有情绪反应时,除了注意到引起情绪的事件之外,也能分些注意力去体察自己内心的情绪状态。这样说起来很玄,也很不容易,不过,只要你愿意去做,你会知道"觉察自己的情绪"是什么意思。

然后试着表达自己的情绪,继续以朋友约会迟到的例子来看,你之所以生气可能是因为他让你担心。在这种情况下,你可以真诚的表达出内心的感受:"你过了约定的时间还没到,我很担心你在路上出了什么事"。试着把"我会担心"的感觉传达给他,让他了解他的迟到会带给你什么感受。什么是不适当的表达呢?例如:你指责他:"每次约会你都迟到,你为什么都不考虑我在这儿等的感受?"当你指责对方时,也会引起他负面的情绪,他会变成一只刺猬,忙着防御外来的攻击,没有办法站在你的立场为你着想,他的反应可能是:"你以为我不想准时吗?路上比较堵嘛!有什么办法!"如此一来,两人开始吵架,别提什么愉快的约会了。如何适当表达情绪,是一门艺术,需要用心地体会、揣摩,更重要的是,要切实用在生活中。

心海瞭望

为什么可以开导别人,却不能开导自己?

作为旁观者,我们可以用肉眼客观、理性的看清:他人在担忧、愤怒、悲伤……并开导他人,给出相应的行之有效的措施和建议,帮助他人脱离。而自己仅感觉我很担忧、愤怒、悲伤……所以容易受困于情绪而心烦意乱。当我们能把自己作为"他人"那样对待,看清自己的状态时,也将能引导自己有效地处理面临的任何问题。

看清别人,我们可以直接观察,但看清自己就需要借助一面镜子——肉眼观察别人,内心觉察自己。通过学习和体悟,让自己冲破感觉层面的局限,觉察和了解自身状态,以做出正确的行为和选择。

推荐书目

1. 盖瑞·祖卡夫.《灵魂之心——情绪的觉察》. 阿光译. 华文出版社,2010.
2. 约翰·A·辛德勒.《情绪力》. 钱峰译. 天津教育出版社,2013.
3. 肯·林德纳.《当时忍住就好了》. 钱峰译. 中国友谊出版公司,2013.

第三节 管理情绪——与情绪为友

心灵导读

在古老的西藏,有一个叫爱地巴的人,每次生气和人起争执的时候,就以很快的速度跑回家去,绕着自己的房子和土地跑3圈,然后坐在田地边喘气。爱地巴工作非常努力,他的房子越来越大,土地也越来越广,但不管房地有多大,只要与人争论生气,他还是会绕着房子和土地绕3圈,爱地巴为何每次生气都绕着房子和土地绕3圈?所有认识他的人,心理都起疑惑,但是不管怎么问他,爱地巴都不愿意说明。

直到有一天,爱地巴很老了,他的房地已经很广大,他生气时,拄着拐杖艰难地绕着土地跟房子,等他好不容易走3圈,太阳都下山了,爱地巴独自坐在田边喘气。他的孙子在身边恳求他:"阿公,你已经年纪大,这附近地区的人也没有谁的土地比你更大,您不能再像从前,一生气就绕着土地跑啊!您可不可以告诉我这个秘密,为什么您一生气就要绕着土地跑上3圈?"

爱地巴禁不起孙子恳求,终于说出隐藏在心中多年的秘密,他说:"年轻时,我若和人吵架、争论、生气,就绕着房地跑3圈,边跑边想,我的房子这么小,土地这么小,我哪有时间,哪有资格去跟人家生气,一想到这里,气就消了,于是就把所有时间用来努力工作。"孙子问道:"阿公,你年纪老,又变成最富有的人,为什么还要绕着房地跑?"爱地巴笑着说:"我现在还是会生气,生气时绕着房地走3圈,边走边想,我的房子这么大,土地这么多,我又何必跟人计较?一想到这,气就消了。"

心灵解码

表4-1列出了A先生与B先生的一天。

故事中的A先生情绪反应恶性循环、事情越来越糟糕,而B先生因为处理好情绪、事情发展越来越顺心,走向良性循环的轨道。

什么是情绪管理?情绪管理的目标又何在?怎样才能摆脱A先生的窘境,像B先生一样潇潇洒洒漫步人生之路?

情绪管理就是一个人对自己情绪的自我认识、自我控制、自我区分等能力和对他人情绪认识与适度的反应能力。

表 4-1　A 先生与 B 先生的一天

	A 先生：（紧张，低效应对）	B 先生：（放松，有效应对）
1.早上 7:00 闹钟没响。睡过了头	反应:急忙刮胡子,穿好衣服。没吃早饭就离开家	反应:打电话告诉同事他将会迟到 30 分钟。做好上班的准备,并像平常一样吃完早餐
	想法:我不能迟到,这将会把我一整天都弄得一团糟	想法:这不是个大问题,我有办法补上迟到的 30 分钟
	结果:急急忙忙离开家	结果:轻轻松松离开家
2.早上 8:00 在高速公路上遭遇堵车	反应:猛按喇叭,紧握方向盘,试图超车,然后加速	反应:等待交通堵塞结束。等待的同时,边放松边听广播;然后按正常速度行驶
	想法:为什么那辆卡车不驶入慢车道?真气死我了	想法:我才不会为此而不安,因为我不能为此做些什么
	结果:血压和脉搏升高。到达后,工作起来心烦意乱	结果:保持安静与轻松状态。到达后,工作起来神清气爽
3.上午 10:00 生气的同事对我的工作错误大发雷霆	反应:表面上有礼貌,但言语行为显示出没有耐心和漫不经心	反应:放松而又认真地倾听,同时考虑如何处理这类问题。保持冷静与风度
	想法:我不能容忍这个傲慢无礼的家伙。这样忍耐他使我大为恼火,我还怎么完成工作	想法:他生气也有道理。在这个问题变得更严重之前应认真处理好这个问题
	结果:同事仍旧怒气难消。A 先生被惹怒了而没能处理好日程表上重要的事情	结果:同事怒气已消。他感谢 B 先生听他讲完。B 先生也很高兴地顺利处理问题
4.中午 午休	反应:边工作边在办公室吃午餐。找不到所需要的文件。打电话找人,但人又不在	反应:在公园漫步 20 分钟。然后在里面吃完午餐
	想法:我从来不能从所有这样的工作中摆脱出来。我还得费力气处理掉工作直到晚饭时间	想法:像往常一样,午休后我恢复了精力。当我让我自己心态放松时,我会工作得更好
	结果:由于恼怒,在工作中屡犯错误	结果:恢复到良好状态。能迅速地恢复头脑清醒,继续工作
5.晚上 11:00 睡觉时间	反应:难以入眠,失眠 2 个小时	反应:迅速入眠
	想法:为什么我不能做得更多呢?我让自己和家人感到失望	想法:这真是愉快的一天,我很高兴防止了一些潜在问题的发生
	结果:早晨睡醒后精疲力竭而又郁闷	结果:神清气爽而又愉快

通俗地讲，情绪管理就是用恰当的方法，用正确的方式，探索自己的情绪，然后调整自己的情绪，理解自己的情绪，放松自己的情绪，做一个情商高的人。

情绪管理目标绝不是消除情绪，而是担当情绪的主人。

心理学研究认为，人的情绪模式如一个钟摆的两端，左端是积极、快乐等正面情绪，右边是消极、悲观等负面情绪。如图4-1所示。

正面情绪是所有让人身心感觉良好的情绪，也是大家都渴望拥有的情绪，譬如快乐，幸福，自信，感动，欣慰等；负面情绪则是大家极力想要逃避的，譬如悲伤，痛苦，内疚，自卑，愤怒等。当一个人那些所谓负面的情绪减少了，正面的情绪也会同样地减少，就像"钟摆"一样，摆动起来左右两边幅度总是一样（B-B1， A-A1）。

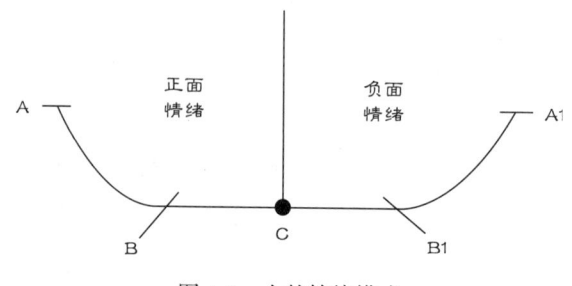

图4-1 人的情绪模式

有些人会因为无法承受负面情绪的折磨，而选择关闭自己的感受通道让自己麻木，譬如喝酒、嗜睡等。这是人类自我防御机制的一种，短期内可以缓解压力，但是问题并不会因为我们躲避它而自动消失的。

根据"钟摆效应"的原理，当人们刻意麻痹自己对负面情绪的感受的时候，也会感受不到正面情绪。这种状态的下的人对待生活比较漠然，遇到好笑的事情不觉得可笑；看到悲伤的电影也不会觉得难过。外面的悲欢笑语都无法进入他的世界。同样的，他们也会丧失去感觉别人的喜怒哀乐的能力。就像在医院病人手术前打上麻醉药，不只是丧失了痛觉，而是所有感觉。为了逃避一种"痛"而牺牲掉其他的感受，代价未免太大。每一种情绪都可以转为积极的推动力，负面情绪也是我们了解自己和帮助自己的一个窗口。

拿破仑·希尔曾说过，成功者与失败者的最大不同在于，前者是情绪的主人，而后者是情绪的奴隶。

如果情绪能被妥善运用，是可以使人生变得更好的："一个愤怒的情绪，如果指向自己的不足，并决心改变它，就可以给人带来一种前进的力量。一个焦虑的情绪，如果保持在适度的范围内，可以让人把注意力集中到最重要的事情上。一个畏难的情绪，如果清晰地量化克服困难需付出的代价和可收到的回报，就可以让人正视困难，并想方设法去克服困难。"

故事中的B先生就是情绪管理的高手。

心灵 SPA

管控情绪的目的在于让自己好过一些，也让自己更有能力去面对未来，而不是暂时逃避，日后却需承受更多的痛苦。好的情绪管理方法很多，主要介绍如下几种方法：

一、合理情绪疗法

心理学家埃利斯提出了情绪 ABC 理论，如图 4-2 所示。A 表示诱发事件；B 表示个体针对此诱发事件产生的一些信念，即对这件事的看法和解释；C 表示个体产生的情绪和行为结果。通常人们会认为诱发事件 A 直接导致了人的情绪和行为结果 C，发生了什么事就引起了什么情绪体验。其实造成我们的情绪和行为的不是事件本身，而是我们对事件的认识、看法。

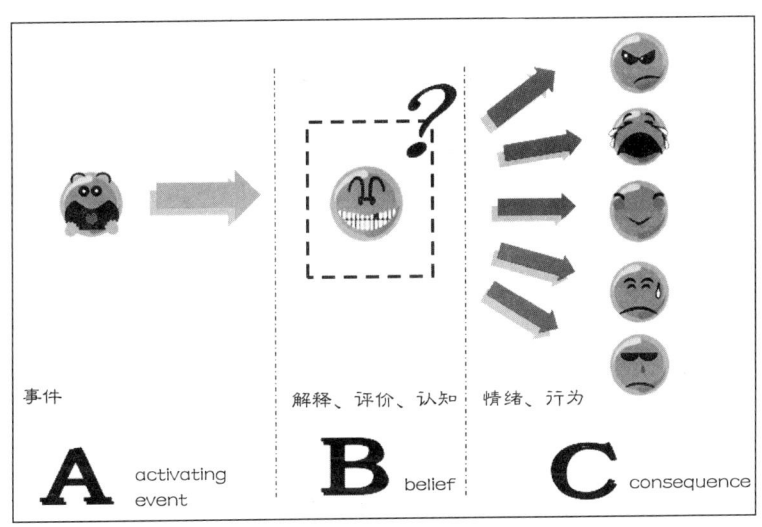

图 4-2　情绪 ABC 理论

比如，某位同学失恋了，一直摆脱不了事实的打击，情绪低落，没办法专心学习。因为无法集中精力，头脑中想到的就是女友的薄情寡义，认为自己在感情上付出了，却没有收到回报，自己很傻很不幸，伤心欲绝，认为自己可能都不会再爱了。

对于这个例子来说，失恋只是一个诱发事件 A，结果 C 是他情绪低落，生活受到影响，无法用心学习；而导致这个结果的，正是他的认知 B——他认为自己付出了一定要收到对方的回报，自己太傻了，太不幸了。假如他换个想法——她这样不懂爱的女孩不值得自己去珍惜，现在她离开可能避免了以后她对自己造成更大的伤害，认为这未必不是一件好事，那么他的情绪体验显然就不会像现在这么糟糕。

合理情绪疗法步骤:

第一步,确定激发情绪的事件(A)

第二步,自己对此事件的信念(B)

第三步,这想法所引发的情绪结果(C)

第四步,对原想法的不合理成分进行驳斥(D)

第五步,建立理性的想法和适当的情绪(E)

以上五步如图4-3所示。

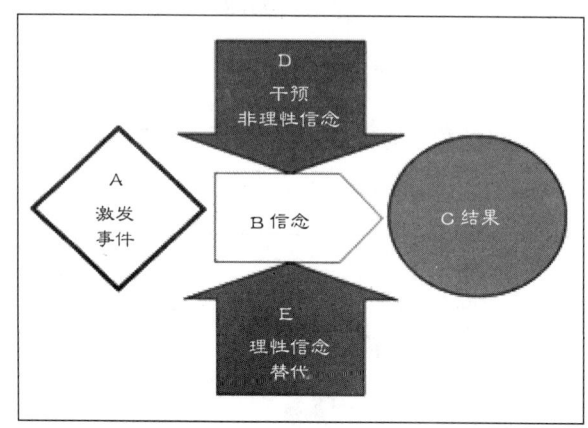

图4-3 "ABCDE"模型图示

假如自己作为新生代表要在开学典礼上发言,这样的念头在脑海里挥之不去:"我绝对要讲好,不能犯错,没有讲好是很糟糕的事,要被人耻笑,多没面子,而且,讲不好,老师同学们会认为我是个没用的人。"为此,自己感到十分焦虑、紧张和害怕。

怎么办呢?利用合理情绪疗法给自己心灵按摩吧!

大胆地驳斥自己:

"这样想是不对的,这个想法会影响我正常发挥我的水平。"

"我有那么脆弱吗?即使没讲好,被耻笑,我真的受不了了吗?"

"讲错了就很没有面子吗?一次发言不好就说明我是个没有用的人吗?"

"所有的事情都还没有发生,这些也不是事实,都是主观臆想,夸大不良后果。"

"这些想法会使我无法达到预期目标。"

驳斥后形成新的合理的想法:

"人人都会有失误的,如果真的没有讲好,只会感到失望,还不至于到糟糕透了的地步。"

"虽然这次我可能讲不好,但不影响我是一个有用的人,一次行为算什么呢?不等于一个人的全部;一件事做不成,不代表我是笨蛋。"

"不失误最好,但不表示我一定不可以失误。"

二、语言暗示法

语言,是人与人交际沟通的桥梁,是彼此进入对方心灵的通道,还是人类独有的高级心理功能,语言暗示对人的情绪和行为都有奇妙的影响和调节作用。

语言的暗示作用一方面可以用来调节和放松心理上的紧张状态,使不良情绪得到缓解。

例如,有两个来自中国台湾地区的观光团到日本伊豆半岛旅游,路况很差,路面坑坑洼洼,车上的旅客因剧烈的颠簸而感到难受。其中一个观光团的导游连声抱怨说:"这段路的路面简直像麻子的脸一样,真让人难受。"不少旅客听后也随声附和,越发感到路面颠簸得难以忍受,有人还抱怨说:"没想到日本还有这么差的公路!应该绕道走才是。"这时,另一个观光团的导游却诗意盎然地对车上的游客说:"诸位先生/女士,我们现在经过的这段道路,正是日本赫赫有名的伊豆半岛迷人酒窝大道。大家可以尽情地体验酒窝大道颠簸的乐趣!"听他这么一说,旅客们顿时兴趣盎然,游性倍增。

实际上,两个观光团的导游是用外部"语言"作为调节旅客心情的"按钮",使观光团的游客体验到了不同的情绪状态。

如何进行语言暗示,可以参考上节内容。

三、转移调节法

(一)做事转移法

当我们觉察到自己的情绪不佳时,我们可以选择自己喜欢的事情来做,或者做一些能让自己专心投入的事情来分散注意力,将不愉快的心情暂时忘记。感觉是随行为而动的,当事情做完时,我们甚至可以发现,原来造成我们心情不好的原因已经消失了。

(二)锻炼转移法

当感到心情低落、沮丧、精神不振时,要选择去做运动,加速身体的新陈代谢,促进身体的快乐的放松的激素分泌。研究发现:一组抑郁症患者服药四个月,另一组每周运动三次,每次45分钟,连续四个月。结果都有明显改善。六个月后,运动的一组效果更好。

(三)环境转移法

当我们觉察到自己的情绪不好时,我们也可以单纯地转移我们的环境来转变我们的情绪。例如:去海边散步、郊外骑车、登山、去差异特别大的地方旅游。

四、身心互动法

（一）保持微笑

众所周知，人的情绪会呈现在脸上，不过现在科学研究发现，这种说法倒过来看也对，那就是人的情绪会随着脸上的神情而变……如果你在痛苦时能大笑，那么在你内心就不觉得痛苦；如果你脸上现悲伤，你的内心就会有此感受。

所以，当心情不好的时候，不妨装着快乐的样子，可以透过幽默和笑来改善。不过，虚伪的笑、太短促，只用嘴角不用眼睛，不能产生快乐的感觉，因此要笑得认真才行。也就是说，要从浅笑，逐渐扩大成为热情、露齿和放声的笑。

因为大笑会使肌肉乱了步调，因此与肌肉有关的疼痛就可能在一阵大笑后随之消灭，它的麻醉功能能最大化的把大学生的注意力从疼痛上转移开来。

（二）多交友，构建和谐人际关系

多交友，获得倾诉的对象，有了不快和烦恼，找知心朋友谈谈，通过交谈，就能认识到家家有本难念的经，并不是生活专跟自己过不去，从而实现心理平衡，烦恼和不快就会得到缓解。

多交友，寻求新的视角和思路，帮助当事人走出个人习惯的思维模式，重新评价困境，寻找新的出路。

多交友，通过与他人的沟通，获得心理上的支持和力量，帮助自己摆脱无能为力的消极感受，重新获得能够控制事物发展方向的感受。

五、肌肉放松法

在日常生活中，当人们心情紧张时，不仅"情绪"上紧张、恐惧、害怕，而且全身肌肉也会变得沉重僵硬；但当紧张情绪松弛后，沉重僵硬的肌肉也可通过其他各种形式松弛下来（如睡眠、按摩、打呵欠、伸懒腰等）。

基于以上原理，渐进性肌肉放松训练法就是训练个体能随意放松全身肌肉，以达到随意控制全身肌肉的紧张程度，保持心情平静，缓解紧张、恐惧、焦虑等负性情绪的目的。

从操作上来说，肌肉放松法一般是从头到脚，依次分别进行。肌肉放松法的步骤：

（1）头部放松：用力皱紧眉头，保持5秒钟，然后放松；用力闭紧双眼，保持5秒钟，然后放松；皱起鼻子和脸颊部肌肉，保持5秒钟，然后放松；用舌头抵住下腭的门齿，口尽量张开，头向后抬，保持5秒钟后放松。

（2）颈部肌肉放松：将头用力下弯，努力使下巴抵达胸部，保持5秒钟，然后放松。

（3）肩部肌肉放松：将双臂平放体侧，尽量提升双肩向上，保持5秒钟，然后放松。

（4）臂部肌肉放松：将双手掌心向上平放在座椅扶手上，握紧拳头，使双手及前臂肌肉保持紧张 5 秒钟，然后放松；侧平举张开双臂做扩胸状，体会臂部的紧张感 5 秒钟，然后放松。

（5）胸部肌肉放松：将双肩向前收，使胸部四周的肌肉紧张，保持 5 秒钟，然后放松。

（6）背部肌肉放松：将双肩用力往后扩，体会背部肌肉的紧张感 5 秒钟，然后放松；向后用力弯曲背部，努力使胸部弓起，挤压背部肌肉 5 秒钟，然后放松。

（7）腹部肌肉放松：尽量收紧腹部，好像别人向你腹部打来一拳，你在收腹躲避，保持收腹 5 秒钟，然后放松。

（8）臀部肌肉放松：夹紧臀部肌肉，收紧肛门，使之保持紧张 5 秒钟，然后放松。

（9）腿部肌肉放松：绷紧双腿，伸直上抬，腿离地面 20 厘米，保持 5 秒钟，然后放松。

（10）脚趾肌肉放松：将脚趾慢慢向下弯曲，仿佛用力抓地，保持 5 秒钟，然后放松；将脚趾慢慢向上翘，保持紧张 5 秒钟，然后放松。

以上从头到脚 10 部分的肌肉放松连续完成，所有动作应熟练掌握到能连续完成，并在各种情境下都能自如运用。建议在早晨醒来后和夜晚临睡前各做一遍，或者在感到焦虑紧张时做。

心海瞭望

我该让谁来决定我的行动

著名作家哈理斯和朋友在报摊上买报纸，朋友礼貌地对摊贩说了声"谢谢"，但摊贩冷脸相对，一言不发。

哈理斯问道："这家伙态度很差，是不是？""他每天晚上都是这样的"，朋友说。哈理斯又问道："那你为什么还是对他那么客气？"朋友答道："为什么我要让他决定我的行为呢？"

推荐书目

1. 麦格尼格尔.《自控力》. 王岑卉译. 印刷工业出版社，2012.

第五章 和谐你我他

众所周知，人生而不能无群。美国心理学家 W.巴克说："人离不开人——他要学习他们、伤害他们，帮助他们、支配他们……总之，人需要与其他人在一起。"因此，人生需要友情，人生需要交往，人生需要展示良好的自我形象，积极向外拓展自己的朋友圈，为自己的成长与发展构建和谐的人际关系。在学习和生活中，我们经常会发现同样的一句话不同的人说出来效果迥然相异，同样一件事，不同的人做出来，结果千差万别，要想拥有良好的人际关系需要具备积极交往的心理态度。

第一节 人际交往的心理定位

心灵导读

世界上曾有一个最伟大的推销员——乔·杰拉德，他被吉尼斯世界纪录称为"最了不起的卖车人"，他平均每一个工作日都会卖掉 5 辆车，每年的收入超过 20 万美元，连续 12 年都是"销售第一"。为什么乔·杰拉德能取得如此巨大的成功呢？他分享了自己成功的秘诀——用各种方法去让顾客喜欢自己，进而对他所推销的产品产生好感。他为了博得顾客的喜爱，每逢节假日都会给 1.3 万名顾客，每人送去一张问候的卡片，卡片的封面上写的永远是同一句话："我喜欢你。""我喜欢你。"这句简单的话每年都会像时钟一样准时出现在1.3万人的信箱中12次。正是这种看似不可思议的方法，让乔·杰拉德赢得了顾客的青睐，创造出了销售的奇迹。

心灵解码

从《最了不起的卖车人》的故事中，我们不禁要问：乔·杰拉德为什么能创造销售的奇迹？关键是在销售过程中，他选择了我好—你也好的人际立场，并通过各种方法拉近了与顾客的距离，最终创造了销售的奇迹。

交互作用的沟通理论认为，在我们和别人进行交往的过程中通常存在四种心理定位：我不好—你好，我不好—你不好，我好—你不好，我好—你也好。需要说明的是，这里"好"的内涵是可以放心、可以被人爱、好人、有价值、正确、强壮、快乐、美丽、有能力、有所帮助、出色、能行、自我实现。"不好"的内涵是不能放心、不值得爱、丑陋、弱小、幼稚、无知、没规矩、不行、愚笨、迟钝、失败、无能、落后、不能实现等。

我不好—你好

这是儿童在早期普遍存在的心理定位，期望寻求父母的安抚，认为其他人都像父母一样是好的，可以给予安抚。这种心理定位的人在人际交往过程中常常表现得不自信，经常会感觉到无能为力，自卑，抑郁，自责，失望，甚至伪装寻求安抚，或者沉溺于幻想式的生活。一方面会因为自卑无法坦然面对他人，选择逃避并封闭自己；另一方面会认为对方总是好的，总想依赖对方，为得到对方的认可而讨好对方，顺从对方，无法与他人形成平等亲密的人际关系。此种心理定位往往在与别人进行交往时过于注重对交往对象和情境给予充分的尊重，却忽略自己内心的真实感受。在人际交往过程中，经常牺牲自我，否定自尊，即使自己感觉不好时也会对别人和颜悦色。

我不好—你不好

这是一种绝望的心理态度，拥有这种态度的人往往认为人生没有意义、没有价值，往往会自暴自弃、放弃希望，经常会感到空虚、无聊。在人际关系上通常表现出退缩，退化，拒绝与他人交往。即使与他人进行交往，因为对自己或者对他人不信赖往往会破坏甚至恶化人际关系，将人际关系引向僵局。这是贬低自己，也贬低他人的模式。大家都不好，没有人是好的，没有人是有力量的，没有人是能干的。这种人的世界总是灰色的，没有色彩、没有激情，只有一种孤独、无力和绝望的感觉。因为觉得没人能把事情做好，他们也不会主动去和别人交往，把自己孤立起来，即便真正有能力、有心帮他的人，也靠近不了他，他也就没法发现这种人，最终陷入真的没人有能力、没人好的境地之中。

我好—你不好

这种心理定位的人自负、自爱、独断专行，对所发生的事情无法客观判断自己应负的责任，总会指责他人，认为自己是正确的，别人都是错误的。总是拒绝接受别人是好的事实，不会因为自己对他人造成伤害而感到羞愧和内疚。在人际关系中往往表现出对他人的不信任和防御，喜欢控制他人，排斥别人，经常找别人的缺点来攻击对方，出现问题后通常会将责任转嫁给对方，为保护自己，鄙视他人，不断烦扰指责他人或者环境。挑剔苛责，拒绝别人的请求。在生活中，很多人为了抬高自己，总是有意无意地贬低他人，试图让自己踩着别人向上爬。这种人往往会有比较自恋的一面。有这种心态模式的人，人际关系一般不会太好，大家都不会太喜欢，谁愿意和一个整天批评别人、指手画脚的人成为朋友呢？

我好—你也好

这是最健康、最有利、最有希望的心理定位，持有此种心理定位的人在人际交往中会尊重自己、接纳自己，并认可他人的价值。往往会在人际互动中与他人形成平等友爱互助的人际关系，并乐于为对方奉献。从接纳自我的角度看，这种交往立场会有助于建立积极的自我观念，并接纳尊重他人。在与他人交往中选择成为真实的自己，选择与他人进行接触沟通，建立直接的联系。努力让自己成为既考虑自己，又关心他人，并立足于当前情境的角度对问题做出反应。最终形成乐于交往的人，并在相互交往中得到尊重、信任和友爱。并以同样的态度对待别人，因而减少了很多不必要的矛盾。与人为善的人能够与大家相互理解，协调一致，配合默契。这是肯定自己，也肯定他人的模式。这种模式的人能够意识到，每个人都有自己的优点和长处，而每个人的优点都是不一样的，我们能做的就是扬长避短，把大家的优点集中起来，形成一个完美的团队，这样就能做到单独个体所做不到的事情。正视自己和别人的优缺点，能用宽容的态度面对缺点，积极的态度面对优点，从而大家愿意靠近他，跟他交往，建立起良好的人际关系。

心灵 SPA

如何让自己在人际交往中建立起"你好，我也好"的心理定位，拥有良好的人际交往能力，成为一名交往高手呢？

一、学会表露自我，做个快乐的表露者

自我表露是建立信任和亲密关系的重要途径。个体的快乐感与自我表露的程度密切

相关。人们在自我表露的过程中常常会体验到心情放松，感受到愉悦，并能获得他人的支持和尊重。首先平时多注意观察身边的群体中大家喜欢和欢迎的个体，他们有哪些方式与技巧值得学习和借鉴。其次，事先多思考聊天的主题。平时多了解资讯，并能形成自己的看法，别人在聊天的时候，能快速融入。再次找到自己的兴趣群体，让自己有归属感。最后在表露自我的时候，将言语和肢体语言相结合，增强表达效果。

二、学会倾听

人际交往是双向的过程，不仅要学会自我表露，而且还需学会积极地倾听。"倾听"是维持人际关系的有效法宝，倾听是了解别人，达到心灵共鸣的重要方式。卡耐基说："一对敏感而善解人意的耳朵，比一双会说话的眼睛更讨人喜欢。"通过倾听，我们可了解对方要传达的消息，澄清不明之处，获取有用的信息。不仅能体现自己的爱与关怀，而且能感受到他人的喜爱与尊重。要专心，耐心，虚心，细心，用心倾听，做到"说"、"听"、"思"并重。

三、注重人际交往的细节

社会心理学家艾根通过大量研究，总结出了在最初交往中有效地表现自己的SOLER技术。SOLER是不同词的词首字母拼写起来的一个专用术语。在这里S（Sit）代表"坐要面对别人"；O（Open）表示"姿势要自然放开"；L（Lean）的意思为身体"微微前倾"；E（Eyes）代表"目光接触"；R（Relax）表示"放松"。如果我们有意识地在社交场合运用SOLER技术——真诚地对别人感兴趣和微笑；耐心做一个倾听者，鼓励人们谈论他们自己，并让他们在自我表现中感到自己重要；同时改变自己许多不适当的自我表现，可以有效地增强别人的好感，增强别人的接纳，并给人良好的第一印象。

四、学会控制自己的情绪

生活中难免有挫折、有烦恼，有消极的情绪。但是面对不良情绪时，如何及时进行调控呢？首先我们可以通过数数字，慢慢数，控制自己的情绪一直数到不发火。其次可以转移注意力。在自己情绪不佳的时候，提醒自己想些别的事情，沉着冷静，学会冷处理。或者迅速离开引起你愤怒的地点，转移环境。最后告诉自己，不要发脾气，要大声说出来。

心海瞭望

新龟兔赛跑

同学们都知道，第一次龟兔赛跑，由于兔子骄傲，半路上睡觉，最后乌龟获胜。但是比赛结束以后，兔子不服，于是强烈要求进行第二次赛跑。第二次比赛过程中，兔子吸取了以往的经验教训,坚决不睡觉了,最后一口气跑到了终点。所以,第二次,兔子获胜,乌龟输了。乌龟不服。它要求进行第三次比赛。乌龟说:"前两次都是你指定比赛路线,这次得由我指定比赛路线"。兔子想,反正我跑得比你快,你爱指定就指定吧。接着,进行第三次比赛,兔子按乌龟指定的路线进行比赛,兔子又跑在前面,快到终点时,却被一条河挡住了,兔子过不去。乌龟慢慢爬到,它下河游过去了,乌龟获得了第一名。它们会再进行第四次比赛吗?乌龟和兔子商量,咱们优势互补,进行合作吧。于是,陆地上,兔子驮着乌龟跑,过河的时候,乌龟驮着兔子游,同时到达终点,实现了双赢。

推荐书目

1. 李志敏.《跟卡耐基学人际交往》.中国商业出版社,2005.

第二节 人际交往中的积极品质——与人为善、宽恕与感恩

在人际交往的过程中,人们有着不同的人际立场,要实现人际交往的顺畅、多赢还需要具备积极的人际交往的品质。

心灵导读

七色花的故事

有一个小姑娘叫珍妮。有一天,她到店里去买七个面包圈。将它们串在一起,她边走边东张西望。此时,有一只狗在她后面,将一只只面包圈吃光了。等到珍妮发现时,狗正得意地舔着嘴唇呢。珍妮十分生气,便追赶着狗,跑着,跑着,珍妮发现自己迷路了。她急得哭了起来。忽然,不知道从哪儿走过来一个老婆婆,了解了珍妮迷路的事情后,送给了珍妮一朵七色花。它不是一朵平常的花,是一神奇的小花,你想要什么,只要撕下一片小花瓣,把它扔出去,就说:"飞哟,飞哟,小花瓣哟,听我说呀,照我做哟!再说出你要什么,它就会立刻做起来的。"珍妮刚谢过老婆婆,老婆婆就不见了。七色花帮助珍妮提着面包圈到了家。帮着她将妈妈喜爱的小花瓶放到原来的地方了。帮助她到北极,又帮助她从北极回到生活的院子里,帮助她拥有全世界的玩具。最后,七色花只剩下一片花瓣的时候,她感觉到自己并没有获得快乐,并打算最后一片花瓣一定不能浪费掉。

珍妮想着,走到大门口。看到一个小男孩坐在门前的板凳上。他那圆圆的脸上有一双明亮的大眼睛,又和气又好看,珍妮很喜欢他,就走过去问:"小朋友,你叫什么名字?""我叫威嘉。你叫什么名字?""我叫珍妮。我们来捉迷藏吧?"威嘉皱着眉

头,摇了摇头说:"不行,我的脚有毛病,只能坐着,我真想跑着玩,可是没法子,一辈子就这样了。""多可惜啊!"珍妮同情地望着他。忽然,珍妮想起了那朵神奇的"七色花"。她非常小心地把它从口袋里掏出来,然后把那最后的一片青色的小花瓣撕了下来,看了看,又闻了闻,才松开手指,用好听的声音唱起来:"飞哟飞哟,小花瓣哟,听我说呀,照我做哟!请你叫威嘉健康起来吧!" 就在那一分钟里,威嘉快活地从板凳上跳了下来,拉着珍妮的手跑起来了。威嘉变得又活泼、又健康,他跑得真快,连珍妮也追不上,他们跑啊,跳啊,玩得可高兴啦。

(引自:http://baike.baidu.com/link?url=SoBspsGisPnskfusbIY8PLpoPYGFM3yk6V_JmgeMrgP3CRCIzEz98vR5IfT5LrqZ0b1QsYhOJMmZJ6ztbrE1pBManm5wbgTMZ7A1JP6nfM3)

感动世界的宽恕

2007年4月16日美国当地时间7点15分(北京时间19点15分),弗吉尼亚理工大学发生恶性校园枪击案,枪击造成33人死亡,枪手为23岁韩国学生赵承熙,他本人最后开枪自尽。事发后的4月21日,纪念遇难者的33个一半足球大小的花岗岩悼念碑按照椭圆形被安放在弗吉尼亚理工大学中央广场上。其中还包括凶手赵承熙的悼念碑。这是因为,大家认为虽然他犯下残忍的罪行,但学校和社会却没能对精神有问题的他提供适当的治疗和心理咨询,对此感到遗憾,同时也是为了安慰失去他的家人。在赵承熙的悼念碑上,和其他悼念碑一样,在剪成"VT(弗吉尼亚理工大学的缩写)"模样的橘黄色彩纸上写着"2007年4月16日赵承熙"。旁边放着玫瑰、百合、康乃馨等鲜花和紫色蜡烛。在这些鲜花中放着一张便笺。上面写着:"希望你知道我并没有太生你的气,不憎恨你。你没有得到任何帮助和安慰,对此我感到非常心痛。所有的爱都包含在这里。劳拉。"

同学们看到赵承辉悼念碑前放置的便笺后,不禁百感交集。三年级学生雷切尔说:"他虽然很可恶,但他的家人真是可怜。"该校毕业生比尔·贝内特苦涩地说:"他也是一个人。"

弗大学生在前一天20日中午举行的遇难者悼念仪式上,敲响了33声丧钟,其中包括32名遇难者和凶手赵承熙。放飞到空中的气球也是33个。一直看到这些气球消失后,同学们互相抱在一起放声大哭。研究生克里斯·车巴克说:"他也是我们学校的学生,一共有33名学生死亡。我们应该公平地为所有人的死亡哀悼。"

(引自:http://blog.163.com/fly_1990723@126/blog/static/21138008200741110104289/)

霍金:我有一颗感恩的心

斯蒂芬·威廉·霍金(Stephen William Hawking),ALS患者,英国著名物理学家和宇宙学家,被誉为继爱因斯坦之后最杰出的理论物理学家。肌肉萎缩性侧索硬化症患者，全身瘫痪，不能发音。只能通过手指敲击键盘方能与人进行交流。但是，他却成功探索出了许多宇宙奥秘。有一次，在学术报告结束之际，一位年轻的女记者跃上讲台，面对这位在轮椅生活了三十多年的科学巨匠，深深景仰之余，又不无悲悯地问："霍金先生，卢伽雷病已将你固定在轮椅上，你不认为命运让你失去太多了吗？"这个问题显得有些突兀和尖锐，报告厅内，一片寂静。霍金先生的脸上却依然挂着恬静的微笑，他用还能活动的手指，艰难的敲击键盘，于是，随着合成器发出的标准伦敦音，宽大投影屏上缓慢而醒目地显示出如下一段文字："我的几个手指能动""大脑能进行思考""最爱我的和我最爱的人在我身边""我还有一颗感恩的心"。霍金先生面对上帝对他的安排，仍然抱有一颗感恩的心，乐观、积极地面对生活。

心灵解码

从七色花的故事中我们可以感受到主人公珍妮助人给她带来的快乐，从感动世界的宽恕中感受宽恕在人际交往中的力量，从《我有一颗感恩的心》中感受到霍金先生面对生活的困难和挑战仍拥有感恩之心，正是这样一种感恩的态度，让我们感受到霍金内心所充满爱的力量。与人为善、学会宽恕、拥有感恩心正是促进积极人际关系的行为。

一、与人为善

在人际交往的过程中如果我们对他人传递积极的信号、做出友善的举动，对方往往会因此自我肯定、感到快乐，同时也会给予积极的回应。正所谓"赠人玫瑰，手留余香"，传递善意、帮助他人的行为会比我们满足自己的需求更能带来快乐。

二、宽恕

Enright 对宽恕的定义是摒弃对冒犯者的愤怒和负面判断，以宽宏大量的态度对待对方，并向冒犯者施以爱的过程。当个体宽恕时，在认知方面，不再作出谴责性的判断和持有报复念头，而表现出积极的思维活动，例如祝福对方、尊重对方；在情感方面，愤怒、憎恶、怨恨、悲伤等消极情绪逐渐被中性情绪取代，最终转化为积极情感，例如表现出同情和爱心；在行为方面，不再去做报复性的行动，而是以善意的举动对待冒犯者，例如愿意与对方共同参与某些活动或作出此类提议等。宽恕能改变自己，也能改变他人，是亲社会行为的一种转化行为，是一个动态的量变过程。它需要个体经过一系列复杂的内心活动过程，是从愤怒、回避到谅解、接纳的转变过程。据调查研究，大多数的大学生在受到伤害情境下还是愿意宽恕对方善待侵犯者并与侵犯者和解，但也有相当一部分学生受到伤害时过分计较，对侵犯者怀恨在心，不容易宽恕别人，有的甚至采取报复行为，甚至造成害人害己的违法犯罪事件。宽恕水平越高的大学生心理健康状况越良好，宽恕水平越低的大学生心理健康状况越差。宽恕水平越高的人有可能其幸福感、生活满意、健康关注、利他行为、自我价值、友好关系、人格成长等正性心理健康指标也越高。充分发挥宽恕在缓解大学生人际冲突、促进人际和谐和营造充满同情心、爱心的社会中的积极作用。

三、感恩

对于感恩，《现代汉语词典》解释为："对别人所给的帮助表示感激。"《说文解字》里解释到："感，动人心也，恩，惠也。"《说文》里曰："恩，惠也，次心，因声。"在中国文字中，恩含有这样的意思：从心、从因，因从口大，乃就其口而扩大之意，含有相亲、相赖的意味，彼此必有厚德致谊，即他人给我或我给他人的情谊。真正的感恩是由"感"和"恩"两个过程构成的，而"感"即体验感受，是感恩的基础。一个人具有感恩的品质并实施感恩的具体行为必须先要感受到恩情的存在，没有感受就没有感恩的思想和具体的报恩施恩的活动。人对客观世界的认识第一反映即为感受，然后把第一感受经过筛选、加工、提炼而储存在大脑里，这就是意识。它是感恩的起点，一切的感恩行为都是由识恩、知恩开始的，它是通向施恩、报恩的必经之路。其次，当人们在从他人那里获得帮助的恩情时，他们就会体验到感激的心情，而受惠者会首先把这种感激的心情体现在心里，从而表现为一种幸福和愉悦的积极情绪。情绪的变化会导致一个人的认知系统发生变化，然后影响一个人对身边事物的理解和评判。当一个人拥有积极的情绪时，会经常感受到幸福和愉悦，更能客观、积极地看待生活，更能实施积极的行为。再次，感恩品质是积极人格特质之一，当受恩者感受到施恩者对他的帮助时，就会产生敬慕之情。而施恩者在接受受恩者的赞美和仰慕时，内心就会产生幸福和喜悦。这种积极的情绪不但可以帮助人们感受到幸福和喜悦，帮助人们走出负面的情绪和心理阴影，还能拓宽人们心中的思想和行为，从而建构持久的个人资源和心理、社会资源。人的一生就是在不断地寻找需求目标——满足需求——寻找新的需求目标——又满足……一个人感受到他人对自己的恩情或者感受到自己给别人的帮助得到别人许可和赞扬时，内心就会产生幸福的感觉。而幸福是人人都需要的，人人都在不断追求的感受。就是这种幸福的感觉会积极拓展人们心中思想，引导人们积极的行为。而人的这种积极行为又使得人与人之间更加协调，人与人的关系更加融洽和巩固，久而久之就建构起持久的个人资源。同样的道理，当一个人认识到社会对自己的恩情时，就会实施积极的行为去回报社会，如此循环，人的内心变得越来越丰盛，社会变得越来越和谐，从而建构起长久的社会资源。总之，从"感"到"恩"是一个质的飞跃，一个人仅仅拥有内心感受是不够的，还要将这种感受给予认同。如果仅仅是"感"，没有得到认同和巩固，久而久之就会淡忘，就更不会去施恩和报恩；在得到认同后，人还要将这种认识外化为行为，在实践中去巩固和升华这种认识。

心灵 SPA

一、做个快乐的助人者

（一）在人际交往中，将助人作为一种习惯

助人并不一定都是惊天之举，在平时生活的点滴中，身边有人需要帮助的时候，积极地伸出援助之手。同学生病了，陪他前往医院看医生，为他取药。看到孕妇上车主动让座，雨天为寝室室友送雨伞。遇到老人和孩子过马路，顺便陪他们一起过，可能不会耽误你很多时间，却方便很多人。看见募捐活动，拿出身边的零钱，也许不多，但是身边人人都这样做，自然积少成多。在自己能够帮助别人的时候，尽可能去帮助别人，让助人成为我们人际交往的习惯，心存善意。

（二）助人于细微之处

助人更多并不需要惊天动地的行为，往往更多的是一个细节，同学、朋友情绪低落、伤心之时，一句安慰的话语、一个鼓励的眼神、一个肯定支持的行动，往往很小很小的细节，会触动人内心最温暖的地方。

（三）助人方式要适当

只有适时适当的助人才会让被帮助者感觉舒服，在助人的过程中，帮助不是施予。没人喜欢虚情假意的帮助，助人需要真诚之心，方式要适当，时间要适时，场合要灵活。只有真正为他人着想的帮助，才会在愉悦的氛围中感受快乐。帮助他人，成长自我，在助人的过程中体验自我肯定，自我欣赏。

二、拥有一颗宽恕之心

真正的宽恕会让你得到情绪的释放和精神上的持久快乐。当你宽恕别人越多，收获得就越多，它会有助你改变对自己和对他人的看法，改善人际关系。学会宽恕有助于缓解焦虑和抑郁，降低患高血压和心脏病的风险。宽恕了别人，其实也就是治愈了自己。

（1）弥补那些你伤害过的人，获得自我宽恕。

（2）挑出那些严重困扰你的人或事情，仔细审视你们的关系。

（3）在脑海中形成你想要宽恕的图像——你自己、另一个人或者过去的场景，然后说，"我把你从我的悲伤、反对和谴责之中解放出来"，此时意识要非常地集中。

（4）想象你的生活中不再有任何困扰你的悲伤和委屈，你的内心得到了彻底宽恕后的安详。

（5）耐心一点，宽恕会随着时间的推移逐渐治愈你的心灵。

（6）宽恕了自己和别人的过去之后，要对身边的人事物有更多的觉知力和宽容心。

三、学会感恩，心存感恩

感恩的心，感谢有你伴我一生——让我有勇气做我自己；感恩的心，感谢命运，花开花落——我一样会珍惜。因爱而生的感恩之心则是爱的升华：当爱成为一种鞭策，当感恩成为一种自觉，当我们真诚地鸣谢他人，我们的生活将因此变得更加美好。感恩不能只是埋藏在内心之处，需要将感激之情用言语和行动表现出来，让曾经关心和帮助我们的人感受到我们内心的谢意。感恩要大胆说出来。

（1）向陌生人说"谢谢"。感谢为你的生活提供服务的各类陌生人。一句谢谢不仅是礼貌的表现，还会让你处于一种更感激的状态。

（2）向爱你的人表达你的感激。我们应该经常对朋友和家人所提供的帮助表达感谢，向他们的陪伴表达感谢，让他们知道他们不断的爱与支持对我们来说有多重要。

（3）写"感谢"卡。把送感谢卡给帮助过你的人当成习惯。写一张感谢卡不仅会让对方会心微笑，还能让你成为一个更懂得感激的人，因为你把感激变成了话语。

（4）写感激清单。每个周日，拿出笔记本，坐下来15分钟写下你所感激的所有东西。尽量多想一些新的东西，不管大事小事，至少想出十件事情。你可以写下"妈妈无限的爱"或者"室友给我画的画"。挑战自己。每周想出十五件新的感激的事情。把感激的事情写下来使你更感激他们。

心海瞭望

学会感恩

绿叶在林中吟唱，

谱写着一曲曲感恩的乐章，

那是大树对滋养它的大地的感恩；

白云在蔚蓝的天空中飘荡，

绘画着一幅幅感人的画像，

那是白云对哺育它的蓝天的感恩。

因为感恩，才会有这个多彩的社会；

因为感恩，才会有真挚的友情；

因为感恩，才让我们懂得了生命的芬芳！

学会感恩——感激我的父母，

因为他们给了我宝贵的生命。

母亲的皱纹深了，却滋润了我青春的脸庞，
父亲的手粗了，却使我变得更加坚强，
母亲的眼睛花了，却把明亮的双眸给了我，
父亲的腰弯了，却给了我挺直的脊梁。
父母没有给我们荣华富贵，
但赐予了生命和土壤。
父母没有让我们坐享其成，
但给予了勇气和信仰。
无论你们多么的贫穷，
在我们的眼里，却最富康；
无论你们多么的平凡，
在我们的心里，却胜过世上任何的偶像！
如果说母爱是一叶小舟，
载着我们从少年走向成熟；
那么父爱就是一片海洋，
给了我们一个幸福的港湾。
如果母亲的真情，
点燃了我们心中的希望；
那么父亲的厚爱，
将是鼓起我们远航的风帆。
学会感恩——感激我们的老师，
因为老师丰富了我们知识的营养，
给了我们打开知识宝库的钥匙；
是老师告诉我们遇到困难时，
不要轻言放弃和颓丧！
是老师给了我们照亮人生的灯塔，
给了我们在人生大海上拼搏的船桨。
您用知识的甘露，浇开了我们理想的花朵；
您用心灵的清泉，蕴育着我们青春的梦想。
我们还要感恩于朋友，
因为真正的朋友，
让你永远有一双坚实的臂膀，
他们不仅愿意和你甘甜同尝，
而且能够和你把苦难担当，

携手拼搏、并肩起航。
我们还应当感恩多彩的生活和大自然，
因为生活让我们不断走向成熟，
因为大自然让我们沐浴着雨露阳光。
生活中所有的挫折磨难，
更因为它们而具有了沧桑！
生命中所有的快乐幸福，
也因为它们而洋溢着芬芳！
学会感恩，
感恩让我们的价值坐标更为宽广；
学会感恩，
感恩让我们的生活处处充满光芒；
学会感恩，
感恩会让我们的青春更加昂扬！
让我们怀着一颗感恩的心，
走向祖国的四面八方！

（引自：http://www.chddh.com/yanjianggao/html/3498.html）

推荐书目

1. 冯林.《积极心理学》.九州出版社,2010.
2. 保罗•费里尼.《宽恕就是爱3：真正的幸福》.李平译.文化发展出版社（原印刷工业出版社）,2012.

第三节　人际交往的艺术——沟通"八锦功"

心灵导读

石油大王洛克菲勒曾说："假如人际沟通能力也是同糖或咖啡一样的商品的话，我愿意付出比太阳底下任何东西都珍贵的价格购买这种能力。"由此表明人与人之间准确、及时的沟通在良好人际交往中的核心作用。特别在生活中，沟通显得更为重要和关键。

小男孩的眼泪

有一天，美国著名的主持人林克莱特在采访一位小朋友，问道："你长大后想做什么?"小朋友高兴地回答:"我要做一名飞机的驾驶员!"林克莱特接着问:"如果你驾驶的飞机飞到太平洋上所有引擎都熄火了,怎么办?"小朋友想了想说:"我会要求飞机上的所有乘客系好安全带,然后就背上降落伞跳出去。"小男孩的话语刚刚说完,现场的观众便哄堂大笑,林克莱特继续注视着这个小男孩。突然,小男孩的两行热泪夺眶而出。于是林克莱特接着问:"为什么要这么做呢?"小男孩说:"我先去拿燃料,然后再回来。"同学们,我们在与人沟通时,是否真的听懂对方所表达的意思?是否曾出现故事中的场景。因此,我们在倾听时,一定要听别人把话说完。不要把自己的意思,投射到别人所说的话上。

（引自：http://www.gushi365.com/info/579.html）

心灵解码

亲爱的同学们，当我们阅读完《小男孩的眼泪》这个故事，是否有一些心灵的感悟和启迪?

故事中的小男孩在回答主持人林克莱特所问"如果你所驾驶的飞机在太平洋上空突然出现所有引擎熄火了,该怎么办?"时,他的答案立即引起了全场观众的哄堂大笑。为什么会出现这样一种情况呢?因为在林克莱特还没有问完之前,此时的观众纷纷按自己设想去判断,认为这个小男孩是一个自以为是、没有责任感,想要独自逃生的家伙。但是主持人林克莱特没有对小男孩妄加评论,却保持一份倾听者应有的亲切和耐心。在现场观众都笑得东倒西歪时,仍然能让小男孩把话说完,最终让我们听到了这位小男孩最善良、最纯真、最清澈的心语。"我去拿了燃料再回来!",小男孩短短的一句话,让我们认识到一个勇敢、有责任心、有悲悯之情的小男孩。

为什么故事中富有责任感的小孩会被大家误解为想要独自逃生呢?究其原因是大多数的观众在倾听时出现了断章取义,对所听内容理解的一知半解。这种情况是人与人沟通中所出现的最常见障碍。在倾听时,由于没有掌握"听"的艺术,倾听者往往会缺乏一份亲切、一份平和、一份耐心。如果不善于倾听和反馈,缺乏给别人说完话的权利,便会将自己的意思投射到别人说的话上,从而产生沟而不通的障碍。这犹如挂在铁门上的一把坚实大锁,如果用一根铁杆去撬,不管花费了多么巨大的力量,最终都无法打开大锁。但是如果此时你拥有一把小小的钥匙,只需轻轻一转,大锁便会打开。铁杆一定会很奇怪"为什么费了九牛二虎之力却不能打开铁锁,而钥匙却能轻而易举地打开?"因为钥匙最了解锁心,所以能轻而易举地打开锁头。而铁杆只会用蛮力,不懂得沟通之法,所以无法打开。可见,不能有效地沟通,就无法明白和体会对方的意思,就难以把想要做的事情做得顺利圆满。

众多的研究表明,人类 9%的时间用于书写,16%的时间用于阅读,30%的时间用于说话,45%的时间用于倾听。所以,要实现有效的沟通,则要充分利用45%的"倾听"时间沟通。因为,沟通是倾听的艺术,只有认真倾听才能获取信息,发现问题,建立信任。只有学会倾听,才能客观认识对方、全面理解对方的话语与意思,从而接受对方的不同,并学会欣赏其独特的风采。倾听要设身处地去感受对方的心境、处境、环境和情怀,"听"以耳朵为主,再加上四个"心"。四"心"即同理心、耐心、专心、用心。具备同理心才能够设身处地、包容接受对方的话;具备耐心才能听到完整的话语;专心地倾听对方的话语,表达对对方的充分尊重,才能促使对方更愿意表达与沟通;方能用心听到对方的所有语言——社会语言、情绪语言及肢体语言。只有在沟通中融合运用"四心",才能让每一次沟通成为优质沟通,实现心与心、灵魂与灵魂的交融和共鸣。

心灵 SPA

岳晓东博士在《谈大学生人际沟通》中提到"八锦功"训练方法,会增强和提高大学生个体的沟通技巧，培养一个人良好的沟通习惯。"八锦功"指的是沟通中常运用的八大技巧，即聆听、贯注、沉默、情感对焦、及时反馈、不断总结、少做批评、开放对话。如表 5-1 所示。

表 5-1　八锦功

沟通技巧	修炼要点	常见误区
聆听	虚心听讲　认真思考	听话走神　随意插嘴　不善提问
贯注	不分神　不做小动作	体语配合　注意力不集中　不善观察　缺乏体语交流
沉默	不随意插话　无声传情	急于找话题表情尴尬　长时间沉默
情感对焦	情感评论　共情反应	冷漠分析　急于安慰　言语客套化
及时反馈	及时提问　澄清疑问	言语木讷　表达不明　强加于人
不断总结	勤做总结　把握方向	听说随意　频繁跑题　缺乏时间概念
少做批评	不主观武断　不好为人师	自作聪明　不换位思考　不给人情面
开放对话	平等对话　探讨建议	语气强硬　爱提建议　缺乏提问技巧

"聆听"是指在倾听的过程中不要随意打断对方的讲话，不要用自己的价值观标准来评论对方的叙述，要心和脑去聆听对方的讲话。同时，在倾听的过程中要集中注意力，用心去感受和体验，并相应做出同感反应。要让自己的思维与对方的叙述节奏同步，主动思考，有效提问，实现沟通顺畅。

"贯注"是指倾听者全神贯注地聆听对方的讲话时，并仔细观察其在情绪与体态的细微变化，并有效运用言语与体语来表达对说话者的关注与理解。让对方能感受到他所讲的每句话，所表露的每一份情感都受到了理解与重视。通过言语与眼神、姿态、表情、动作、声调等形体语言的回应，会让对方感受到倾听者的理解，进而对倾听者产生信任。要做到有效沟通需要避免出现"他说他的，我做我自己"的现象，因为没有有效地观察对方，会导致沟通的效率降低。

"沉默"指的是在沟通中常与体语相配合，通过点头或者注视表情变化给对方一个情感独处与反省的机会。但是沉默运用一定需要适当，如果出现不当就会转变成对抗性的沉默。这会让对方感受到缺乏信任，在沟通和交流出现消极反应。同时要避免对沉默表现出不耐烦，避免沉默一出现就急于通过找话题来打破，忙于给别人提建议，甚至表情尴尬，不知道如何促使沟通继续。

"情感对焦"是指在进行言语沟通时，主动捕捉对方的情绪反映，准确把握对方的情感体验，通过询问对方的感觉状况，或者对感受状况的陈述，来帮助对方将淤积已久的情绪烦恼倾吐出来，以给对方带来极大的精神解脱。在这个过程中要避免对方进行情绪宣泄时急于进行安慰，避免使用"好了，不要再哭了"或者仅仅一味进行理性分析，没有任何同感共情。

"及时反馈"就是在沟通中主动提问,积极思考,做到准确无误地理解对方的讲话内容并让对方充分感到你的专注和投入。"及时反馈"会推动你在对话中不断提问,并通过不同说法来明确对方的意思。另外,在反馈中,要把自己的想法正确无误地表达出来,避免出现能理解但表达不明的情况。同时需要在沟通中尽量采用探讨商量的口吻,避免使用指令建议,更不要将个人的信念和价值观强加于人,应给予对方充分的思考与自决。

"不断总结"就是在沟通对话中通过小结,以澄清要点,概括中心,同时推动在对话中对所讲内容的回顾,进而在沟通中明确对方所讲的内容,避免出现听说随意、跑题、浪费时间的现象,使人感觉彼此的沟通交流卓有成效。

"少做批评"就是在沟通中不要不给对方倾诉的机会,在没有了解到对方的烦恼和苦衷时,不要急于批评对方。因此,在沟通中,要注意换位思考,不要主观臆断,导致对方的反感,产生沟通不畅。

"开放对话"是指在对话中在平等基础上做到"三多三少",即:多探讨,多提问,多启发,少建议,少评论,少批评。在沟通中常常使用开放式问题如"你有什么样的感受?""你有什么想法?"之类,少使用"你怎么会这么想?"之类的封闭型话语。

"同感共情"是指在听对方叙述时,全心投入并适时地做出反馈,不断达到心灵上的"和声",以让对方充分感受到对他的尊重和理解。实现沟通双方的"同感共鸣、感同身受",或者听者能与言者"思想聚焦,情感并轨",做到"听之有心,言之中肯"。

"善解人意"就是知道在沟通中应该说什么,不应该说什么。另外,在沟通中,还要注意体语交流,比如通过察言观色、用眼睛沟通、学打哑语。这些,大家可以在现实生活中不断实践,并总结经验。我们在对自己进行沟通技巧的训练和提高,可以按照上述八方面进行练习。学会选择适当的方式:了解对方的心态,充分分析准备,打破僵局,调整气氛,先听对方表达意见,进行针对性的交流;要学会有效发送信息:取决于一个"H"和五个"W"(How, When, Where, What, Who, Why);学会"倾听":做到"专注","共情","接纳"与"神入"。倾听时坚持 SOFTEN 原则,即 S——微笑(Smile),恰当的面部表情;O——聆听的积极姿态,避免分心(Open Posture);F——身体前倾(Forward Lean)、T——音调(Tone),合适的回音语调;E——目光交流(Eye Communication);N——点头(Nod),赞许性的点头。学会处理好五大要素:回应,复述,澄清,摘要与确认。学会有效"反馈"——针对特定的行为,持着对事不对人的态度,明确目标导向,抓住最佳时机,确保在了解的情况下来表达你所想要表达的内容。

(引自:http://www.psychcn.com/xiaodong/xdzf/200703/22116529299.shtml)

心海瞭望

不会表达的尴尬

有个人请客,看看时间过了,还有一大半的客人没来。主人心里很焦急,便说:"怎么搞的,该来的客人还不来?"一些敏感的客人听到了,心想:"该来的没来,那我们是不该来的啰?"于是悄悄地走了。

主人一看又走掉好几位客人,越发着急了,便说:"怎么这些不该走的客人,反倒走了呢?"剩下的客人一听,又想:"走了的是不该走的,那我们这些没走的倒是该走的了!"于是又都走了。

最后只剩下一个跟主人较亲近的朋友,看了这种尴尬的场面,就劝他说:"你说话前应该先考虑一下,否则说错了,就不容易收回来了。"主人大叫冤枉,急忙解释说:"我并不是叫他们走哇!"朋友听了大为光火,说:"不是叫他们走,那就是叫我走了。"说完,头也不回地离开了。

(引自:http://hidao.baidu.com/link?url=EoO67FyS7glE-7yjX7_5lSETFjedQjeKckwVe1HvYFb7wwxXlppovwgNPtiWDmuY-DrrGiVi7b2MIIiqmUFlWIUAwuaH3H_DYoaqmikzw_)

推荐书目

1. 卡耐基.《卡耐基沟通的艺术》.刘祜编译.中国城市出版社,2012.
2. 戴尔·卡耐基.《世界上最受欢迎的人》.福源编译.新世界出版社,2009.
3. 魏清月.《生活中的关系学》.地震出版社,2010.

第六章 拥有爱的能力

古往今来无数人试图用绝美的辞藻来描述爱情、赞美爱情。初遇时,"有美人兮,见之不忘,一日不见兮,思之如狂。"相思时,"衣带渐宽终不悔,为伊消得人憔悴。"热恋时,"在天愿作比翼鸟,在地愿为连理枝。"相许时,"死生契阔,与子成说。执子之手,与子偕老。"爱情是如此神秘而美好,令无数人苦苦追寻、百转千回、辗转难眠。爱是妙不可言的艺术,也是一种需要学习的能力。接下来,让我们带着对爱的困惑与憧憬,一起来理解爱、接受爱、给予爱……拥有属于自己爱的能力。

第一节 认识爱情——情为何物

心灵导读

"从此,王子和公主过上了幸福的生活……"每当读到这句童话里熟悉的结束语时,你是不是也会会心一笑,憧憬起自己的甜蜜爱情?童话不是只属于孩童,长大了的我们更渴望童话般的爱情。玫瑰、红酒、巧克力……那种怦然心动的感觉,那种两个人在一起的浓情蜜意总让人本能地心怀向往。恋爱中的你,一定会对如下一些描述深有同感:

有一个人,和他(她)在一起我可以做真正的自己;
我相信他(她)会全力帮助我、支持我;
我讨厌和他(她)分开太长时间;
我愿意为他(她)做任何事情;
他(她)的幸福对我来说很重要;
我喜欢跟他(她)牵手、拥抱、接吻等身体的接触;
有他(她)的陪伴,我感到无比满足;
我对他(她)充满激情。

那么,爱情究竟是什么?是什么让异性间彼此吸引,想要发展出罗曼蒂克之爱?

心灵解码

一、什么是爱情

看看上面对爱情的描述，我们不难发现，爱情中的重要成分就是依恋、呵护和性吸引。

（一）爱如依恋

人是天生的关系寻求者，人类从婴儿时期开始，就会对最初的呵护者寻求亲近、产生情绪依恋。成人之间的浪漫联结——就是我们所说的爱情，也包含了这种依恋的所有特征，如：眼神交流、支持、触摸、爱抚、微笑、哭泣、坚持，苦恼时能从恋爱对象那里获得安慰的愿望，分离或失去时产生愤怒、焦虑或悲伤，以及重聚时感到幸福和喜悦。安全的依恋关系决定了爱情的品质，它需要恋爱对象对我们的依恋需求有同样的敏感性并且做出及时恰当的回应。这样的回应给我们带来安全感、被爱和呵护的幸福感，以及更多的自尊自信。大学时代的爱情难能可贵的重要因素之一就是大学时我们有足够多的时间在一起：一起上自习、听讲座、参加课外活动，这对我们的关系是如此的重要，以至于有人说"世界上最奢侈的人就是愿意花时间陪你的人"。当爱恋对象不能很好地回应我们的依恋需求时，我们会感到恋爱关系即将破裂的威胁感，对分离的焦虑甚至对背叛的恐惧，不同的人也会采取不同的策略，有人会采取一些主动的、认知和行为上努力，如建设性的沟通。有的人可能会采取控制性的策略，如连环夺命call、随时查岗等，这些行为都是坚持不懈地促使无回应的恋爱对象给予注意、关心和支持。另外一些人可能会因为求而不得的感觉太过痛苦，转而抑制自己对恋爱对象的亲近需求，反而大家相安无事，关系倾向于平淡或冷漠，也好过没有完全丧失这段关系。

（二）爱你因而呵护你

男孩说"让我成为你的男朋友，我会兼职你的私人医生、保镖、清洁工、修理工、司机……"这一定是一段让人动心的情话。爱恋中我们常常会有一种无私的利他主义精神（当然这个"利他"特指你的恋爱对象），我们愿意关心对方的福祉，我们关注对方的需要、愿望、情绪和意图，远远超过关注自身的情绪状态，我们希望减少对方的痛苦和烦恼，为对方提供独一无二的安全的避风港。想想陷入热恋（或者暗恋）时的你，有没有时刻关注对方，"他/她为什么看起来心情不好，我能做什么让他/她开心起来""他/她的生日快到了，我一定要买一个他/她心仪已久的礼物""他/她最近很忙，我可以帮他/她分担一些"……这种呵护的产生依赖于我们对恋爱对象的共情能力以及能有效帮助对方的能力与意愿。当呵护得到对方的回应、认可甚至感恩时，对爱情关系将具有良好的促进作用。过度的呵护常常也是有害的，夸大对方的需要、对对方的需要过于敏感和警惕、强迫对方接受自己的呵护，或者过度重视对方的需要而忽视了自己的需要，都可能让对方感觉窒息。反过来，完全不考虑或者不重视对方的需要，也是无法建立长久的亲密关系的。

（三）性吸引

爱情区别于其他感情的重要因素之一，就是恋爱双方之间的激情与性欲。那个人身上像是有一种魔力，让我们身心躁动不安，想要与之发生一些更亲密的行为，如接吻、拥抱、爱抚或者是性行为。青春期之后，我们对自身外表和言行的时刻关注，暗含着对自身性吸引力的关注，提高自身的性吸引力，是我们吸引伴侣发生性行为的重要策略之一。如果双方的性意愿和对对方意愿的敏感性和反应性对等，双方可能产生比较愉快的性体验。对性的过分着迷，不顾伴侣意愿强迫对方发生亲密行为；或者走向另一个极端，对性过分恐惧、压抑和回避，都将损害亲密关系。

良好的性态度应该遵循以下几项基本原则：首先，能够接受性是人生活的一部分，接纳自我的性别、性需要和感受，不必为此产生罪恶感、污秽感等。其次，尊重个人性的权利和选择，不歧视或侵害他人。再次，超越个人成见，在了解全面的性知识的前提下，建立个人的性价值观，如：尊重别人对性有不同的看法和取向。最后，能适当地处理自己的性需要，明确意识到性行为的可能后果并对此承担责任。

爱情三角理论——亲密、激情、承诺

美国耶鲁大学的斯滕伯格教授从人的动机、情绪、认知出发，认为爱情的构成应包括三种元素——亲密、激情和承诺，并在此基础上发展形成了爱情三角理论。如图 6-1 所示。

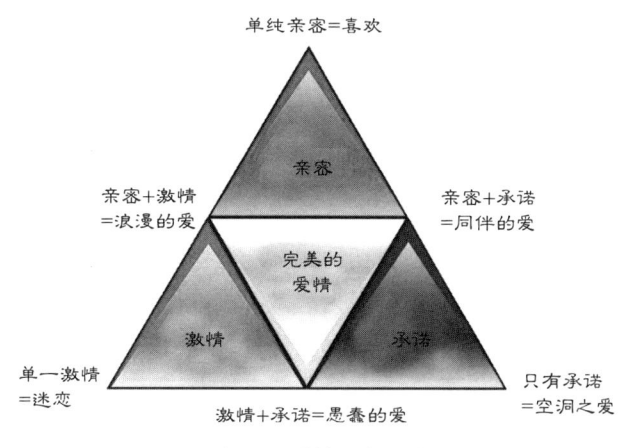

图 6-1　爱情三角理论

亲密是爱情的情感方面，包括亲近、分享、交流和支持。激情是爱情的情感和动机方面，包括生理唤醒，以及和所爱的人结合的强烈愿望。承诺是爱情的认知方面，包括短期内对你的爱情的确定和保持这种爱的长期承诺。

这些元素两两组合，就形成了不同类型的爱情：亲密加激情是浪漫之爱，当你不但是在爱恋着某人，而且深陷其中难以自拔时，那种感受就是激情之爱。亲密加承诺是伴侣之爱，这种爱相对平和，是一种深沉而持久的情感依恋。激情加承诺则是愚昧之爱。不同类型的爱情可能会出现在爱情的不同阶段，也可能会因人因文化而异，不同程度地得以更多的体现。如果你发现这三种元素同时存在于你的爱情之中，那么你正拥有完满的爱。

二、爱情如何发生

了解了什么是爱情，如果是还没有恋爱的你，是不是正热切地希望亲身经历一场刻骨铭心的爱情呢？可是爱情是如何发生的呢？现在，就让我们来看看是哪些因素引发了异性间的好感和爱情的产生？为什么爱情让我们心生向往，体验到巨大的魔力？

（一）爱情的源动力——归属需要

两性关系中，人们因为获得爱情倍感甜蜜，而失恋让人痛彻心扉。痛苦之深源自需求之切，人与人之间终生的相互依赖使得人际关系成为我们生存的核心，男性与女性之间的吸引更是自古有之。亚里士多德将人称为"社会性动物"，具有归属于某一群体的需要，而当人们被一种持续的亲密关系所支持时，会变得更加健康和快乐。研究发现，人们在群体中遭到排斥的反应常常是抑郁、焦虑、感到情感被伤害并努力修复关系，以致最后陷入孤僻。在社会心理学实验中，那些在一个简单的球类投掷游戏中被忽略的人们，也会感到挫折和沮丧。以上这些都是人们在普遍的人际互动中表现出的情感反应，对于更具亲密性、唯一性、持续性的恋爱双方来说，爱情的终结给人带来的痛苦自然不言而喻。然而，也正是因为人们内心强烈的归属需要，即使失恋可能带来极大的痛苦，人们也绝不会放弃对爱情的追寻。

（二）爱情的催化剂——人际吸引

对于渴望爱情的人们来说，一定急切地想知道是哪些因素促成了爱情的产生。事实上，两个人能否成为朋友，再由朋友发展为恋人，接近性是一个强大的预测源。社会心理学家已经证实，大多数人的婚姻对象是那些和他们居住在相同的小区，或在同一个单位工作，或曾在一个班里上过课的人，这就不难解释为什么学生情侣永远是大学校园里一道亮丽的风景。当然，地理距离并不是接近性的关键，人们生活轨迹相交的频率才是关键。这让人不禁想起台湾漫画家几米的著名漫画《向左走，向右走》，两个渴望爱情的都市男女居于同一幢公寓，因为彼此习惯和生活半径的不同，一次次擦肩而过，却从未相遇。直到一个偶然的机会，两人同时来到公园，才有了第一次的美丽邂逅。

外表吸引力是影响人际吸引的又一个因素，目前有许多研究显示了外貌的重要性，外貌的作用在日常生活中表现出了一致性和普遍性的特点，人们存在一种对外表吸引力的刻板印象：美的就是好的。当然，我们说吸引力很重要，是在假设其他条件都一样的情况下来讨论的，并不是说任何时候外表的吸引力都比其他任何特质更重要。一些人通过外表来评价他人，一些人则不是这样，而且，外表吸引力可能对第一印象的影响最大。

相似性与互补性同样影响着人际吸引，研究表明，人们可能因为在某些方面具有相似的特点而容易走到一起，并且会因为这种相似而产生满足感，导致相互喜欢。而对立或互补的两个人之间易于产生吸引力的说法却并从未得到证实。

另外，人们更倾向于喜欢那些喜欢我们的人，你会发现当你因为喜欢某人主动向对方表达友善和好感的时候，往往更有可能得到对方热情的回应和对你的喜欢。

还有一点是关系中的回报，我们愿意跟一个人在一起，成为朋友甚至是恋人，一定不仅仅是因为这个人本身具有多么优秀的特质，而是因为自己在与之交往时获得了什么。这种观点可以总结为一个简单的回报理论：我们喜欢那些回报我们或与我们得到的回报相关的人。如果跟某人交往所得到的回报大于付出的成本，那我们就喜欢并愿意继续维持这种关系。现在，你或许可以理解为什么恋爱中的男女在享受甜蜜爱情的同时，也特别敏感和容易受到伤害，因为他们总是希望自己付出的爱能够得到对方更为热烈的回应。

心灵 SPA

一、平常心对待"恋"与"未恋"

如果你渴望拥有一段美好的爱情，正在倾心等待另一半的到来，这种感觉一定是充满期待、羞涩而甜蜜的。有人说：恋爱是大学里的必修课。的确，大学生的生理和心理已经成熟，脱离了父母、师长的管束，有了相对独立、自由的生活空间，追求爱情成了正常的情感寄托与需求，还可能为今后的婚姻生活打下基础。因此，大学里恋爱现象非常普遍，积极的恋爱更是被允许和认可的。

然而，爱情可遇不可求，对于应将学业和前途放在首位的大学生来说，恋爱至多只是生活的一个部分。如果你有幸找到了那个对的人，沉浸在热恋之中，那么，祝福你，希望你们能在彼此爱的能量下更好地学习、成长。如果你在大学里错失了恋爱这门"必修课"，也不要遗憾、低落，相信自己可以在未来的日子里遇上那个同样四处寻觅你的人，只要你的心里有爱，有期待。

我知道这世上有人在等我，但我不知道我在等谁，为了这个，我每天都非常快乐。

——张小娴

二、为自己创造恋爱的机会

看着周围的同学一个个开始恋爱了,你是不是会有些着急,也想要谈一场轰轰烈烈的恋爱?可是,似乎总没有那么一个人恰恰好地出现在你的视野之中,然后顺理成章地开始恋爱?是的,从机缘上讲,爱情是可遇不可求的,但爱情同时也像生命中的任何一件事情一样,有播种才会有收获,如果你仅仅将爱的渴望埋藏在心里,那它就很难在阳光和雨露的滋养下萌芽、生长。

如果你想要谈一场恋爱,就不要闭门等待,整天在自己的小世界里打转,那样只会让你失去很多与人交往的机会,而爱情常常是不会自己来敲门的。还记得前面所讲的人际吸引对爱情产生的促进吗?两个人要彼此产生好感,从熟人到朋友,再到恋人,更多的情况是由于某种原因你们有了很多交集,比如同是学生会的干部、同是羽毛球协会的会员、一起参加过社会实践、经常在一起进行学术讨论等,这种接近性可能促使你们相互之间有更多的了解,发现彼此的共性,从而慢慢发展出爱情。

一生至少该有一次,为了某个人而忘了自己,不求有结果,不求同行,不求曾经拥有,甚至不求你爱我。只求在我最美的年华里,遇到你。

——张小娴

三、与心中冲动的老虎和平相处

不管恋爱与否,性的冲动和欲望常常伴随着我们。压抑和纵容都非良策,我们需要做的,是在认识性欲的基础上,接纳它、与它和平相处。

性科学研究按照性欲满足程度的分类标准,将人类性行为划分为三种类型:一是核心性性行为,即两性性交行为;二是边缘性性行为;三是类性行为。

大学生常见的性行为主要有:性梦、性幻想、手淫、同性或异性间的直接性行为。在了解人体生理规律和特征以后,大学生基本能理性接受和克服遗精和月经所带来的焦虑,但对性幻想、手淫等方式仍存在一定的恐惧和罪恶感。需要注意的是,手淫是一种性冲动的发泄方式,一种性的补偿行为,适度手淫并不会带来害处,国外一些研究称,手淫是性行为的标准形式之一。所以,大学生应抵制内心产生的不洁感和负疚感,树立性自信。

生物学常把性行为表达成人类和动物的本能需要,并将它比喻为营养需求本能,相当于饥饿感。大学生正处于这样一个本能的动荡性和道德压抑性之间的饥饿状态,如何找到游离于二者之间的平衡点,恰当调节心理和生理的冲突,实现特殊时期的顺利过渡,是大学生维持性健康的核心一步。

性行为,狭义的解释是为满足性欲而产生的肉体结合行为。从性发育成熟到结婚之间的性空白期越长,自控能力越差,婚前性行为的可能性就越大。大学生正处于此一阶段,性行为尚未完全规范,希望有性体验。但是,从长远的角度来看,我们不提倡婚前性行为,尤其是动机不良的游戏型性行为,研究表明大学生几乎没有或很少进行性前期准备工作，一旦面临女方怀孕或人工流产等意外，则会影响到彼此的身心健康，甚至留下"性伤害"的不良印记。另外，由于不具备足够的心理承受力，对婚姻没有充分准备，出事后的手足无措与心理恐慌也会让大学生背负沉重的精神负担。我们建议，大学生可以从端正性态度，采用积极应对方式等途径入手，来排遣性焦虑，避免婚前性行为。

性行为可以经由转换或替代的方式求得表现，得以升华。首先，养成良好的作息习惯。尽量不熬夜，早上不赖床。睡觉前，避免阅读、谈论、观看易引起性兴奋、冲动的书刊和影视节目。个人清洁卫生工作到位，不着紧身衣裤。其次，广泛交往。踊跃参加集体活动，主动与人交往，从而减少对自我的关注。尝试与异性接触，做到诚恳适度，消除恐惧，培养从容自信的与异性沟通的品质。再者，爱好广泛。发挥一项运动特长、学习一种乐器等，陶冶情操，让本能的冲动以升华后的形式宣泄。最后，塑造健全人格，通过阅读研讨、听讲座、与"善人居"等途径，培养积极开朗的性格，抵制孤独烦躁等不良情绪的入侵，提升自身"免疫力"。

心海瞭望

爱情像只自由的小鸟

爱情是一只自由鸟，
什么都不能驯服它。
要是它不肯听你叫，
那就谁也叫不动它。
威胁不管用，乞求也不灵；
这个在说话，那个却不语。
我的心已另有所钟。
他什么都没说，却叫我中意。
爱情是个流浪的孩子，
永远不懂什么是法律。

推荐书目

1. 孔燕，江立成，兰文敏等.《大学生心理健康教育》.安徽人民出版社，2001.

2. 文博.《性学三论与论潜意识》.长春出版社，2004.

3. 罗伯特·J·斯腾伯格，凯琳·斯滕伯格.《爱情心理学》.李朝旭译.北京：世界图书出版公司，2010.

第二节 经营爱情——爱就是彼此珍惜

心灵导读

法国名著《小王子》中有一个经典的寓言故事：小王子有一个小小的星球。有一天，星球上突然绽放了一朵娇艳的玫瑰花。以前这个星球上只有一些无名的小花，小王子从来没有见过这么美丽的花，于是，他爱上了这朵玫瑰，细心地呵护她。那一段日子，他以为，这是一朵人世间唯一的花，只有他的星球上才有，其他的地方都不存在。然而，等他来到地球上，才发现仅仅一个花园里就有5000朵完全一样的这种花。这时，他才知道，他所拥有的只是一朵普通的花。刚开始，这个发现让小王子非常伤心。但是最后小王子明白，尽管世界上有无数朵玫瑰花，但他的星球上那朵仍然是独一无二的，因为那朵玫瑰花，他浇灌过，给她罩过花罩，用屏风保护过，除过她身上的毛虫，还倾听过她的怨艾和自诩，聆听过她的沉默……一句话，他驯服了她，她也驯服了他，她是他独一无二的玫瑰。

从这个小故事里，你读到了什么呢？如果将这朵独一无二的玫瑰比喻为恋人，那么，正是因为你投入了感情和时间，将你的恋人视为你的唯一，用心呵护，用心经营，才使得原本普通的对方变得如此独特和重要。生命中，你可能会遭遇无数朵玫瑰，你可能会像海滩拾贝一般，想着更好的在后面。但真正的爱情不是要找到那个所谓的最好，而是将你所拥有的当成珍贵的唯一，真心付出之后，慢慢将这个人的美好变成关系的美好，这种美好的关系会成为彼此成长的养料。

年轻的时候会想要谈很多次恋爱，但是随着年龄的增长，终于领悟到爱一个人，就算用一辈子的时间，还是会嫌不够。慢慢地去了解这个人，体谅这个人，直到爱上为止，是需要有非常宽大的胸襟才行。

——张小娴

心灵解码

一、爱情因何长久

当你欣喜地沉浸在恋爱之中，是否想过如何为你们的爱情保鲜，让这种美好的感觉一直延续下去？

爱情能否长久，首先和我们的依恋类型有关。有研究表明，一个人能否与爱情伴侣发展出温馨而具有支持性的感情，与早期是否建立起了安全的依恋类型密切相关。大约七成的婴儿和接近这一比例的成年人会表现出安全型依恋。当这一类型的婴儿被放在一个陌生的环境里时，如果母亲在场，他们就会很舒适地玩耍，快乐地探索这个陌生的环境。母亲一旦离开，他们就会变得紧张，母亲重新回来时，他们会抱住母亲一会儿，之后再继续刚才的探索和玩耍。研究者认为，这种信任的依恋能够为个体成年期形成亲密关系打下基础，安全型依恋的成人很容易和别人接近，并且不会由于对别人太过依赖或被抛弃而感到苦恼。这样的恋人也会在安全、忠诚的相互关系中享受爱情，他们既能给予伴侣自由的空间，也能与伴侣保持密切的联结。

其次是爱情关系中的双方是否感受到了公平。如果双方都毫不考虑对方，只追求个人需求的满足，那么爱情关系就会濒临终结。从长期的公平来看，人们在选择爱情伴侣的时候，也会考虑双方资源的匹配。如果你发现一个帅气的男孩选择了一个相貌平平的女孩做他的女朋友，那么，这个女孩一定在其他方面有优于男孩的地方，总体上他们之间的资源是平衡的。对于那些持久的感情，更是因为除了在资源上两者相当之外，日常生活中，两个人都自愿地主动付出，让彼此感受到了公平和满足。

另外，自我表露也是促成爱情长久的重要因素。美满爱情中的双方具有亲密无间的关系，这一关系使得彼此能够真实地展示自己，由此体验到爱、接纳与信任。而彼此之间的分享越多，自我的交叠也就越多，正所谓"你中有我，我中有你"，这又会促进亲密关系的维系和发展。

二、警惕亲密关系四大危险信号

John Gottman 研究发现了有问题的亲密关系中常见的四种行为：批评、轻蔑、防御和回避，四种行为往往结伴出现，互为因果，容易产生恶性循环。

批评，是不快乐的亲密关系中最常见的一种。所有的情侣之间都会有一些抱怨，不和，但是批评却比简单的一句抱怨伤害要大得多。批评是更广泛，"你总是……""你从不……"，比如"你说了要陪我逛街，你这人说话从来不算话！"同时，这种广泛的批评不是针对某一个行为，而上升到了对人格的不满，带有人格意义上的攻击，比如"你昨晚又没有上自习，你这个人真懒！"批评中的人格攻击加重了负面影响，并在长期上破坏了亲密关系。

轻蔑，是最具有杀伤力的，甚至超过批评，因为它包含了对伴侣的厌恶和不尊重。轻蔑主要通过讽刺、嘲笑、恶意模仿、翻白眼、恶意幽默表现出来。它表达的是一种高人一等和蔑视他人的态度。人们通过高姿态表现轻蔑，比如"你真的以为，就你那挫样儿，我看得上你啊"，而且是不允许对方辩解的责难，会严重伤害双方的感情。

防御，虽然有时被看做是一种常见的自我保护手段，但它经常会发展为反向攻击而导致矛盾升级，因此防御是有害的。防御可以表现为因为自己的错误而责备对方，或者用撒娇或别的方式来避免攻击和责任。 比如以下两组对话：

A：你和你那些朋友胡闹真幼稚！

B：你还不是一样！

A：你应该减减肥，不然对身体不好。

B：你以为你多完美啊！吃饭还挑食！

回避，通常发生在激烈的争吵后，挺不住的那一方就会开始回避争吵，不发表意见，也不回应对方。这个时候没有眼神交流，没有试探，没有回应，所有的一切都能被自动屏蔽。这个模式有显著的性别差异，常常是女性寻求解决问题而男性回避，而且会愈演愈烈。有意思的是，尽管回避者看上去是敌意的，但他们的初衷却是自我保护："她什么时候才能停止争吵？""我不想和她争了。""如果我不说话了，她应该就不会烦我了。"采用这种自我保护方式的弊端在于，屏蔽了一切信息，因而往往也忽视了对方建设性的意见和求和意向。

心灵 SPA

一、了解差异——用彼此喜欢的方式相处

男性和女性生来就具有很多不同的特征，就像约翰·格雷博士的经典之作《男人来自火星，女人来自金星》一书中写到的那样：男人和女人本来就是两个星球上的生物，当他们因为相爱共赴地球之后，却像患了"健忘症"一般忘记了彼此之间原本的差异，于是开始了男人和女人之间永恒的"对话"，男人不可能完全读懂女人，女人也不可能完全读懂男人……

在恋爱中，除了激情使然的相互吸引之外，更多的时候，需要两个人接受彼此的差异，学着和另外一个与自己不一样的人相处。可想而知，这不是一个轻松的过程，这意味着你要有足够的接纳和包容，意味着你要学会在对方与自己的思维、行为、习惯等方面发生冲突时，试着去妥协，配合着对方的节拍一起律动。慢慢地，你会发现 TA 也开始注意到你的节奏，不再执拗地要求你与 TA 步调一致才肯善罢甘休，你们开始意识到对于两个不同"星球"的人来说，爱是妥协的艺术！于是，"火星人"和"金星人"的"对话"减少了，你们只是默默地以对方喜欢的方式和 TA 相处，然后惊喜地发现，在这个过程中，你并没有失去自我，收获的是两个人都快乐……

好的爱情是你通过一个人看到整个世界，坏的爱情是你为了一个人舍弃世界。

——张小娴

二、解决冲突——建设性沟通

建设性沟通是在解决目标问题的前提下强化积极的人际关系的一种策略。亲密关系

中发生冲突是非常常见的事情。但冲突并不一定就对亲密关系产生毁灭性破坏，重要的是伴侣双方尝试解决问题的方式。如果双方都采用建设性沟通的方式，减少抱怨和指责，去认真倾听对方的观点，提出贡献性的建议，那么，冲突反而是改善亲密关系的良机。

建设性沟通技巧主要包括哪些呢？

（一）聚焦于问题解决，而不是辩论是非

沟通的目的在于交换信息以解决问题，增进了解或促进关系。若是在沟通中对人不对事，把注意力放在谁是谁非上，意见的沟通变成意气之争，则容易造成彼此的伤害。

（二）倾听比说更重要

在沟通时，许多人往往急着表达自己的意见，忽视了别人在说什么而各说各的，使沟通效果大打折扣。倾听是指站在对方的立场上，用心去了解对方所表达的意思。不只包含听到对方说什么，还要观察到对方话语里蕴含的意义，注意到其手势、表情、声调、身体语言。然后对于所听到、观察到的，给予适当而简短的反应，让对方知道你在听，也会让对方感受到被尊重。

（三）接纳

不论听到什么，也不管对方的表达内容是对是错，先别急着辩驳或去指正，试着去承认对方真的有此感受。认可对方并非代表同意对方的观点，只是表示你能够体会到他的内心感受。另一半唯有感到你接纳他之后，才愿意聆听你的心声。

（四）学会"我"向表达

许多人常用"你"来沟通，例如："你难道不能……""你总是……"这样的话语暗含指责，很容易让对方感到受威胁，而引起逆反心理，或者激怒对方而引发矛盾。如果采取"我"向表达："行为——我的感受——我希望你……"，就能将一些指责、质问、怀疑和命令等表达转向建设性的问题解决，让听者有较大的心理空间来思考你所说的话。例如："我很难过，因为我原本以为你会记得我的事情。"就会比"你总是不把我的事情放在心上！"让对方更清楚地了解你的感受，而不是遭受批评而已。或者说"你跟她的交流让我很不安，我希望你不要再这样。"就比"你跟那谁眉来眼去的，你俩不是有问题吧？"让对方更容易接受。

每一段爱情，都要经历期盼和失望，犹豫和肯定，微笑和心碎。哭泣不要紧，只要曾经微笑，事后有思念，那么你还是爱着这个人的，然后再创造。没有一种爱是不需要反复验证的。

——张小娴

三、面对失恋

失去一段重要的亲密关系，伤感和痛苦在所难免，在刚失恋的一段时间里，这种痛苦甚至可能会让我们有种无法承受的感觉。然而，请相信，痛苦会随着时间消散，你会重新看到，爱情之外的生活，也有别样的精彩与意义！

（一）好好学习，安顿自己

一些小 Tips，希望可以帮助你走出失恋。

倾诉与宣泄：恋爱时的亲密和美好、分手时的怨怼或者不舍，给这种种纠缠的情绪一个出口，找三五好友，尽情倾诉，相信会对你有所帮助。另外，尽情大哭、嘶声歌唱或者大汗淋漓的运动，都是可取的发泄方式。

宽恕与谅解：分手时，如果有背叛或伤害，也请随着分手一并放下；那些曾经美好最终却破碎的许诺，也都一并放下；不纠结对错和责任，不回忆过往的细节，不幻想"可能的"未来。

"移情别恋"：把曾经对对方的依恋和呵护，都转移到别人身上去——朋友或者家人；把曾经用于恋爱相处的时间，都做好有意义的安排——学习或运动。

总结经验：不管成功与否的爱恋，对我们来说都是自我认识和成长的历程。失恋也能帮助我们明晰自己的爱情观和择偶观，学会相处之道，学会珍惜、尊重和宽容等，收获可贵的成长。

积极升华：古往今来，多少伟大的艺术文学巨匠，都是在暗恋、求而不得和失恋等等痛苦的情感纠葛中，激发了无限的创造力，谱写了许多伟大的传世作品。所以，失恋也许就是进入蚌身体的一粒沙子，虽然一开始痛苦万分，但是最后磨砺出的是珍珠。

（二）怀揣逝去的美好继续前行

校园爱情纯洁、真挚，值得用一生去回味，同时也会因为个人的不断成熟、未来的选择等原因带来很多变数，尤其是毕业时可能面临的分手问题很多人不知何去何从。虽然，爱情里没有不可能，只要你选择坚守、勇往直前，爱就不会因现实的条件、距离、时间轻易改变，但也不是没有坚守的爱情就不美好，就是失败的。也许，因为各种原因，你们选择了为爱情画上句点或是省略号。此时，你仍然可以将过去的那些美好和共同成长的记忆装进前行的背包，没有怨言、没有遗憾，感恩你经历了一段值得永远珍藏和回味的爱情，你在这段岁月里看到了更加真实的自我，学会了爱、包容、牵挂……永远感谢那个曾经陪你一同成长的TA，这些都是你开始一段新旅程的财富和力量。

爱情是自我完善的一个阶段，我们在经历自己的人生，你爱过别人，被别人爱过，受过伤害，也伤害过别人，欢欣、沮丧、失望、思念、等待、受尽煎熬，然后豁然明白，得失并不重要，最重要是你长大了，变聪明了，你变得精彩，你的人生从此不一样了。

——张小娴

心海瞭望

《致橡树》

舒 婷

我如果爱你——
绝不像攀援的凌霄花，
借你的高枝炫耀自己：
我如果爱你——
绝不学痴情的鸟儿，
为绿荫重复单调的歌曲；
也不止像泉源，
常年送来清凉的慰藉；
也不止像险峰，增加你的高度，衬托你的威仪。
甚至日光。
甚至春雨。
不，这些都还不够！
我必须是你近旁的一株木棉，
作为树的形象和你站在一起。
根，紧握在地下，
叶，相触在云里。

每一阵风过，
我们都互相致意，
但没有人，
听懂我们的言语。
你有你的铜枝铁干，
像刀，像剑，
也像戟，
我有我的红硕花朵，
像沉重的叹息，
又像英勇的火炬，
我们分担寒潮、风雷、霹雳；
我们共享雾霭、流岚、虹霓，
仿佛永远分离，
却又终身相依，
这才是伟大的爱情，
坚贞就在这里：
不仅爱你伟岸的身躯，
也爱你坚持的位置，脚下的土地。

推荐书目

1. 约翰·格雷.《男人来自金星，女人来自火星》. 洪勇译. 重庆出版社, 2009.
2. 秋秋.《爱情中的心理学》. 金城出版社, 2010.
3. 付娜.《两性沟通：亚当与夏娃的对话》. 内蒙古文化出版社, 2009.
4. 柯淑敏.《玫瑰圣经》. 北京科学技术出版社, 2005.
5. 苏珊·海特乐.《爱就是彼此珍惜——幸福婚姻的对话》. 黄维仁改写，李淑烟译. 新华出版社, 2005.

第七章　把握未来

何塞在《流浪者之歌》中说："大多数人像落叶一样，在空中随风飘拂、翻飞，最后落到地上。一小部分人像是天上的星星，在一定的轨迹上走，任何风都吹不到他们，在他们的内心有自己的引导和方向。"落叶一样的人生注定迷茫，随风而散，星辰一样的人生才有可能璀璨夺目。我们想拥有什么样的人生呢，是落叶还是星辰呢？每个人都会有不同的答案，而也有更多人感到迷茫，并不能给出答案。人生之所以迷茫，归根结底主要是没有远大的志向和为之奋斗的明确目标。没有目标的人就像一艘没有舵的船，永远漂流不定，只会到达失望、失败和丧气的海滩。没有人生的目标，只会停留在原地，变得慵懒，听天由命，叹息茫然。鲜花和荣誉从来不会降临到那些无头苍蝇一样在人生之旅中四处碰壁的人头上。有明确目标的人，会感到自己心里很踏实，生活得很充实，注意力也会神奇地集中起来，不再被许多繁杂的事所干扰，干什么事都显得成竹在胸。因此，我们需要寻找人生目标并积极规划。漫漫人生路，只有靠目标和理想冲出迷茫的漩涡，崭新的人生之页才会为我们掀开，未来才会在我们手中绽放。那么，你的人生目标是什么？短短数十载的人生到底应该如何度过才更有意义？你想要的是成功还是快乐呢？你知道如何去规划人生，走向成功吗？让我们带着这些问题来阅读接下来的文字。

在我们的脑海里
要有目标地前行

第一节　人生形态——幸福汉堡

心灵导读

哈佛学生不幸福

有一位美国少年名叫沙哈尔。在 16 岁的那年，他获得了全国壁球赛的冠军。他在长达 5 年的训练中,空虚感如影相伴,他一直觉得生命中缺少了什么。虽为此闷闷不乐，但他仍坚信:无论身体或心理都要坚强，才能最终取胜；而胜利，一定会带来充实感，也能让自己最终幸福。终于，沙哈尔如愿以偿，夺冠后的他欣喜若狂，和家人、朋友举行了隆重的庆贺。那时，他对自己的理念更加深信不疑:成功可以带来快乐，过去所受的种种苦痛，都是值得的。可就在那天晚上，他在睡前坐在床上，试着再回味一下无限的快感。可是突然间，那种胜利的感觉，那种梦想成真的喜悦，所有的快乐，都消失得无影无踪。他的内心，忽然又变得很空虚，只有迷惘和恐惧。泪水涌出，不再是喜极而泣，而是伤心难过。在如此顺意的情况下，尚不能感到幸福的话，那我将到何处去寻找我人生的幸福?他极力让自己镇定，并告诉自己这只是暂时的神经过敏。但在接下来的日子里，他仍没有找回快乐；相反，内心的空虚感越来越重。慢慢地他发现：胜利，并没为他带来任何幸福，他所依赖的逻辑彻底被打破。从那时候起，他对"如何才能得到真正的幸福"这个问题着了迷，并开始了追求幸福的人生之路。他注意观察周围的人，谁看起来幸福，他就向谁请教。他读有关幸福的书，从亚里士多德到孔子，从古代哲学到现代心理学，从学术研究到自助书籍等。这位少年就是后来被称为哈佛"最受欢迎的导师"的泰勒·本·沙哈尔博士。沙哈尔也是哈佛的毕业生，从本科读到博士。在哈佛，作为三名优秀生之一，他曾被派往剑桥进行交换学习。他还是个一流的运动员，在社团活动方面也很活跃。但这些并没有让他感到持久的幸福。他坦言，自己的内心并不快乐。他经过长期的探索与思考，逐渐明晰了人生观和幸福观。他认为，幸福应该是快乐与意义的结合。

　　幸福感是衡量人生的唯一标准，是所有目标的最终目标。让自己更幸福，应该是我们终生追求的目标。最终，他放弃了原来的专业，去主修哲学和心理学，成为了教授，并在哈佛开设了一门选修课——积极心理学，也称为"幸福课"。该课程是哈佛大学学生们选择最多的一门，听课人数甚至超过了长期占据第一位的"经济学原理"。在"幸福课"上，沙哈尔没有大讲特讲怎么成功，而是深入浅出地教他的学生，如何更快乐、更充实、更幸福。关于幸福的话题在哈佛学子中激起强烈的共鸣。"其奇妙之处在于，当学生们离开教室的时候，都迈着春天一样的步子。"

"幸福课"在哈佛如此受欢迎，和哈佛学生的心理状态是分不开的。根据哈佛大学一项持续 6 个月的调查发现，大学生正面临普遍的心理健康危机。调查称：过去的一年中，有 80％的哈佛学生至少有过一次感到非常沮丧、消沉，47％的学生至少有过一次因为太沮丧而无法正常做事，10％的学生称他们曾经考虑过自杀……据统计，在美国，抑郁症的患病率，比起 20 世纪 60 年代高出 10 倍，抑郁症的发病年龄，也从 20 世纪 60 年代的 29.5 岁下降到今天的 14.5 岁。而许多国家，也正在步美国后尘。1957 年，英国有 52％的人，表示自己感到非常幸福，而到了 2005 年，只剩下 36％。但在这段时间里，英国国民的平均收入却提高了 3 倍。"我们越来越富有，可为什么还是不开心呢？"这是令许多人深感困惑的问题。人生的意义到底是什么，这是人类探求的永恒话题。我们到底应该拥有什么样的人生？是成功重要还是幸福重要呢？我们可不可以既成功又幸福呢？怎么样才能做到既成功又幸福呢？

心灵解码

当年，沙哈尔为了准备重要赛事，除了苦练外，他须严格节制饮食。开赛前一个月，只能吃最瘦的肉类，全麦的碳水化合物以及新鲜蔬菜和水果。他曾暗中发誓，一旦赛事完了，一定要大吃两天"垃圾食品"。比赛一结束，他干的第一件事，就是奔到自己喜爱的汉堡店，一口气买下 4 个汉堡。当他急不可待地撕开纸包，把汉堡放在嘴边的刹那，却停住了。因为他意识到，上个月因为健康的饮食，自己体能充沛。如果享受了眼前汉堡的美味，很可能会后悔，并影响自己的健康。望着眼前的汉堡，他突然发现，它们每一种都有自己独特的风味，可以说，代表着 4 种不同的人生态度和行为模式。

第一种类型的汉堡，就是他最先抓起的那只，口味诱人，但却是标准的"垃圾食品"。吃它等于是享受眼前的快乐，但同时也埋下未来的痛苦。用它比喻人生，就是及时享乐，出卖未来幸福的人生，即"享乐主义型"。第二种类型的汉堡，口味很差，里边全是蔬菜和有机食物，吃了可以使人日后更健康，但会吃得很痛苦。牺牲眼前的幸福，为的是追求未来的目标，他称之为"忙碌奔波型"。第三种类型的汉堡，是最糟糕的，既不美味，吃了还会影响日后的健康。与此相似的人，对生活丧失了希望和追求，既不享受眼前的事物，也不对未来抱期许，是"虚无主义型"。上述的三种类型并不是我们全部的选择。会不会还有一种汉堡，与第一种一样好吃，且与第二种一样健康呢？那就是第四种"幸福型汉堡"。一个幸福的人，是即能享受当下所做的事，又可以获得更美满的未来。从图 7-1 中，可以看到幸福的汉堡模型。

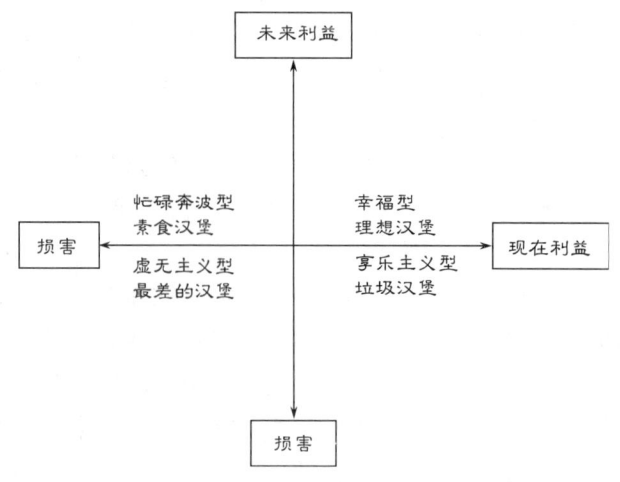

图 7-1 幸福的汉堡模型

图 7-1 解释了四种类型在现在和未来的获益。纵轴代表未来，正面影响在上，负面影响在下。横线代表现在，正面影响向右，负面影响向左。回顾你的过去和现在的生活，你经常处于哪一个或者哪两个象限呢？拥有着美好青春的大学生们，你们想吃什么样的汉堡呢？

第一种素食汉堡，寓意忙碌奔波型的人生。这类人如同少年时代的沙哈尔，为了获胜的目标努力奋斗，以为成功就是目标的实现，人生就是不断地实现目标。他们习惯性地去关注目标，而常常忽略了眼前的事情，最后导致终生的盲目追求。他们认为过程不重要，能否达到目标才是衡量一切的标准。"忙碌奔波型"的人错误地认为成功即是幸福，坚信一旦目标实现后的放松和解脱即是幸福，因此他们不停地从一个目标奔向另一个目标。他们最需要的是学会享受在追求目标过程中的快乐。现实中的大多数人，都属于"忙碌奔波型"。

第二种垃圾汉堡，寓意享乐主义型的人生。"享乐主义型"的人总是寻找快乐而逃避痛苦。他们只是盲目地满足欲望，而从来不认真地考虑后果。他们认为，一个充实的生活就是不断地满足自己各种各样的欲望。享乐主义者根本的错误在于将努力与痛苦、快感和幸福等同化了。没有目的和挑战，生活变得毫无意义；享受着毫无目的的人生，再也不去担心明天的事。起初这样快乐极了，很快就会感到了厌倦与不快。享乐主义只会带来空虚。

第三种最差的汉堡，寓意虚无主义型的人生。虚无主义者是那些已经放弃追求幸福的人，不再相信生活是有意义的。如果"忙碌奔波型"代表为了未来而活，"享乐主义型"代表为了现在而活，则"虚无主义型"代表了沉迷于过去，放弃现在和未来的人，他们被过去的阴影所缠绕。

第四种理想的汉堡，寓意幸福型的人生。沙哈尔认为幸福感是衡量人生的唯一标准，是所有目标的最终目标。让自己更幸福，应该是我们终生追求的目标。理想的人生应该是不断追求幸福的人生。生活幸福的人，能够享受当下所从事的事情，并且通过目前的行为可以获得更加满意的未来。什么是幸福？幸福就是"快乐与意义的结合"。快乐代表现在的美好时光，属于当前的利益；意义则来自于目的，一种未来的利益。真正的持续的幸福感，需要我们为了一个有意义的目标而去快乐地努力与奋斗。当我们漫步在既快乐又有意义的人生之路上时，那该是多么令人喜悦的事啊。

心灵 SPA

人人都渴望拥有幸福的人生，因为幸福是生命的一种基本需要。幸福在所有目标中是至高无上的，其他所有目标的终点都只是去往幸福的起点。积极心理学家桑娅·吕波密斯基（Sonya Lyubomirsky）、劳拉·金（Laura King），以及艾德·狄纳（Ed Diener）提出："幸福的人群在生活的各种层面上都非常的成功，包括婚姻、友谊、收入、工作表现以及健康。"报告也指出了幸福和成功存在强烈的相互作用：成功可以带来幸福，而幸福本身也可以带来更多的成功。在其他条件一样时，幸福的人有着更好的人际关系，在工作上表现更好，活得更好、更长久。幸福是值得去追求的，无论作为目标还是达到目标的方法。

在追求幸福的路上，我们随时随地都可以起航。作为大学生，我们可以不停地追问"为什么"，来反思自己所追求的东西:可以是大房子、升职或任何其他的目标。看看要问多少个"为什么"，才能落到"幸福"的追求上?问问自己，我做的事情，对我有意义吗?它们给我带来了乐趣吗?我的内心，是否鼓励我去做不同的尝试?是不是在提醒我，需要彻底改变目前的生活?

沙哈尔教给哈佛学生的十个追求幸福人生的要点，可以给我们一些启示：

（1）遵从你内心的热情。选择对你有意义并且能让你快乐的课，不要只是为了轻松地拿一个 A 而选课，或选你朋友上的课，或是别人认为你应该上的课。

（2）多和朋友们在一起。不要被日常工作缠身，亲密的人际关系，是你幸福感的信号，最有可能为你带来幸福。

（3）学会失败。成功没有捷径，历史上有成就的人，总是敢于行动，也会经常失败。不要让对失败的恐惧，绊住你尝试新事物的脚步。

（4）接受自己全然为人。失望、烦乱、悲伤是人性的一部分。接纳这些，并把它们当成自然之事，允许自己偶尔的失落和伤感。然后问问自己，能做些什么来让自己感觉好过一点。

（5）简化生活。更多并不总代表更好，好事多了，也不一定有利。你选了太多的课吗?参加了太多的活动吗?应求精而不在多。

（6）有规律地锻炼。体育运动是你生活中最重要的事情之一。每周只要 3 次，每次只要 30 分钟，就能大大改善你的身心健康。

（7）睡眠。虽然有时"熬通宵"是不可避免的，但每天 9 小时的睡眠是一笔非常棒的投资。这样，在醒着的时候，你会更有效率、更有创造力，也会更开心。

（8）慷慨。现在，你的钱包里可能没有太多钱，你也没有太多时间。但这并不意味着你无法助人。"给予"和"接受"是一件事的两个方面。当我们帮助别人时，我们也在帮助自己；当我们帮助自己时，也是在间接地帮助他人。

（9）勇敢。勇气并不是不恐惧，而是心怀恐惧，仍依然向前。

（10）表达感激。生活中，不要把你的家人、朋友、健康、教育等这一切当成理所当然的。它们都是你回味无穷的礼物。记录他人的点滴恩惠，始终保持感恩之心。每天或至少每周一次，请你把它们记下来。

心海瞭望

生命很短暂，在选择道路前，先确定自己能做的事。其中，做那些你想做的。然后再细化，找出你真正想做的。最后，对于那些真正想做的事，付诸行动。

人类的一切努力的目的在于获得幸福。　　　—— 欧文
只要你有一件合理的事去做，你的生活就会显得特别美好。　　—— 爱因斯坦
想不付出任何代价而得到幸福，那是神话。　　—— 徐特立
真正的幸福只有当你真实地认识到人生的价值时，才能体会到。

　　　　　　　　　　　　　　　　　　　　　　　　　　—— 穆尼尔纳素夫

推荐书目

1. 泰勒·本·沙哈尔.《幸福的方法》.当代中国出版社，2007.

第二节　目标与决策——敢问路在何方

心灵导读

在追求有意义而又快乐的目标时，我们不再是消磨光阴，而是在让时间闪闪发光。

为了实现追求幸福这个人生的终极目标,我们还需要给自己确定下一个让自己快乐同时有意义的子目标,并且朝着目标去努力和奋斗。那么,我们如何去理解目标?如何去实现目标呢?

有四只要好的毛毛虫,都长大了,它们都喜欢吃苹果,于是各自去森林里找苹果吃。

话说第一条毛毛虫经过跋山涉水,终于来到一棵苹果树下。它并不知道这是一棵苹果树,也不知树上长满了红红的苹果。当它看到同伴们往上爬时,不明所以的就跟着往上爬。没有目的,不知终点,更不知生为何求、死为何所。它的最后结局呢?也许找到了一只大苹果,幸福地过了一生;也可能在树叶中迷了路,颠沛流离糊涂一生。

第二只毛毛虫也爬到了苹果树下。它知道这是一棵苹果树,可它并不知道大苹果会长在什么地方?它猜想:大苹果应该长在大枝叶上吧!于是它就慢慢地往上爬,遇到分支的时候,就选择较粗的树枝继续爬。于是它就按这个标准一直往上爬,最后终于找到了一颗大苹果,这只毛毛虫刚想高兴地扑上去大吃一顿,但是放眼一看,它发现这颗大苹果是全树上最小的一个。更令它泄气的是,要是它上一次选择另外一个分支,它就能得到一个大得多的苹果。

第三只毛毛虫也到了一株苹果树下。这只毛毛虫知道自己想要的就是大苹果,并且研制了一副望远镜。还没有开始爬时就先利用望远镜搜寻了一番,找到了一棵很大的苹果。同时,它发现当从下往上找路时,会遇到很多分支,有各种不同的爬法;但若从上往下找路时,却只有一种爬法。它很细心的从苹果的位置,由上往下反推至目前所处的位置,记下这条确定的路径。于是,它开始往上爬了,当遇到分支时,它一点也不慌张,因为它知道该往哪条路走,而不必跟着一大堆虫去挤破头。然而,因为毛毛虫的爬行相当缓慢,当它抵达时,苹果已经被别的虫捷足先登。它没能吃到苹果。

第四只毛毛虫可不是一只普通的虫,它知道自己要什么苹果,也知道苹果将怎么长大。因此当它带着望远镜观察苹果时,它的目标并不是一颗大苹果,而是一朵含苞待放的苹果花。它计算着自己的行程,估计当它到达的时候,这朵花正好长成一个成熟的大苹果,它就能得到自己满意的苹果。结果它如愿以偿,得到了一个又大又甜的苹果,从此过着幸福和快乐的日子。

《毛毛虫与苹果》的故事,其实代表了四类各有特点人群。第一只毛毛虫是一只盲目行进,没有自己目标和规划的糊涂虫,并没有自己的前进方向。第二只毛毛虫虽然知道自己想要什么,但是它并不清楚该怎么得到苹果,在传统不变的正确标准指导下,它做出了一些看似正确却使它只能获得有限收获的选择。很多人就像它一样,不会思考未来,做着自以为正确的事,结果成功离自己越来越远。

第三只毛毛虫有清晰的人生规划也做出了正确的选择,但它的目标过于远大,而自己的行动过于缓慢。我们的人生极其有限,我们必须把握时机,那么单凭我们个人的力量,也许穷其一生也未必能找到自己的苹果。第四只毛毛虫确实是一只非凡的虫,它不仅知道自己想要什么,也知道如何去得到自己的苹果,以及得到苹果应该需要什么条件,然后制订清晰实际的计划,在望远镜的指引下,它一步步实现自己的理想。找到了梦寐以求的大苹果,过上了幸福的生活。就像我们身边的成功者,他们有坚定的目标和有效的行动,最终拥有了幸福的人生。

心灵解码

我们的人生就如毛毛虫,而苹果就是我们的人生目标。爬树的过程就是我们人生的历程。我们都得走上人生道路去寻找未来,结果怎么样,取决于自己有没有明确的目标和合理的规划。完全没有规划的人生注定是要失败的。现代社会,规划决定命运。一个合理科学的人生规划会让人生更为成功和轻松。

哈佛大学有一个非常著名的关于目标对人生影响的跟踪调查。调查的对象是哈佛大学一群智力、学历、环境等条件差不多的年轻人。调查结果发现:27%的人没有目标;60%的人目标模糊;10%的人有清晰但比较短期的目标;3%的人有清晰且长期的目标。25年的跟踪研究结果显示,他们的状况及分布现象十分有意思。那3%有清晰且长期目标的人,25年来他们都朝着同一方向不懈地努力,25年后,他们几乎都成了社会各界的顶尖成功人士。他们中不乏白手创业者、行业领袖、社会精英。那10%有清晰短期目标者,大都在社会的中上层。他们的共同特点是,短期目标不断被达成,状态稳步上升,成为各行各业的不可或缺的专业人士,如医生、律师、工程师、高级主管,等等。而那占60%的模糊目标者,几乎都在社会的中下层面,他们能安稳地工作,但都没有什么特别的成绩。剩下的27%是那些25年来都没有目标的人,他们很多都是失败者。生活都过得很不如意,常常失业。靠社会救济,并且常常都在抱怨他人,抱怨社会,抱怨世界(李静林 2005)。

可见,人生在世,必须有一个目标。我们的人生非常短暂,越早科学规划人生,就能越早成功。要想得到自己喜欢的苹果,改变自己的人生,就要先从改变自己的目标开始。

那么,什么是目标和规划呢?

目标是个人、部门或整个组织所期望的成果。梦想、理想通常是远大目标的另一称呼。目标就是给自己确定一个希望达到的愿景。规划就是按照个人想要达成的目标,拟定计划,付诸实施,在过程中检讨修订,再选择方向继续前行的过程。个人能考虑自己的各方条件,尽可能地对未来做好安排与计划的过程就是生涯规划。生涯规划可以帮助我们发掘和激励自己,尽早找到人生目标,及早定位,并为之奋斗。在充分剖析自己优缺点的同时,充分地认识自我,开发潜能进而实现自我,明确自己的路往哪里走,充满希望的走过这一生。一般来说生涯规划包括了学业规划和职业规划两个部分。

学业规划是根据我们自身情况，结合现有的条件和制约因素，为自己确立整个大学期间的学业目标并为实现学业目标而确定行动方向、行动时间和行动方案的过程。从狭义生涯规划的角度来看，此阶段主要是职业的准备期，主要目的是在于为未来的就业和事业发展做好准备。学业规划的训练可以全面提高我们的综合素质，避免学习的盲目性和被动性。它能够引导我们认识自身的个性特征、现有的和某些潜在的资源优势，帮助我们重新认识自身的价值并使其持续增值，对自身的长处和短处以及综合素质进行对比分析，弄清个人目标与现状之间的距离，学会如何应用科学有效的方法、采取切实可行的步骤，不断增强自己的专业竞争力，从而实现自己最初的梦想。

　　职业规划是指客观认知自己的能力、兴趣、个性和价值观，发展完整而适当的职业自我观念，个人发展与组织发展相结合，在对个人和内部环境因素进行分析的基础上，深入了解各种职业的需求趋势以及关键成功因素，确定自己的事业发展目标，并选择实现这一事业目标的职业或岗位，编制相应的工作、教育和培训行动计划，制订出基本措施，高效行动，灵活调整，有效提升职业发展所需的技能（何颖群 2010）。用通俗的话说，职业规划的意思就是：打算选择什么样的行业，什么样的职业，什么样的组织，想达到什么样的成就，想过一种什么样的生活，如何通过学习与工作达到目标。职业规划，可以使职业目标和实施策略能了然于心中，并便于从宏观上予以调整和掌控，能让大学生在职业探索和发展中少走弯路，节省时间和精力；同时，职业规划还能对大学生起到内在的激励作用，使大学生产生学习、实践的动力，激发自己不断为实现各阶段目标和终极目标而进取。

　　现代著名文学家刘英认为：人生最可怕的不是疾病、贫穷、死亡，而是自己拥有很多的剩余时间而不能过有价值的生活。大学生都应该是自己人生、学习、事业的规划者和耕耘者，设计自己的发展蓝图。为实现自身价值准备、创造、抓住机会，从而使自己的成功的可能性更大，效果更好。

心灵 SPA

　　目标对我们的未来至关重要，目标是动力，是方向，规划人生的关键点就是给自己设定合理的目标。怎么制订我们的目标呢？

　　一、合理定位，分解目标

　　目标并不是不切实际地越高越好。每个人都有自己的特点，有别人无法模仿的一些优势。只有好好地利用这些特点和优势去制订适合自己的高目标和实施目标的步骤，你才可能取得成功。对每个人来说，在实施目标时，只有当每个步骤既是未来指向的，又是富有挑战性的时候，它才是最有效的。在运动场上，篮球运动要比足球运动更受人欢迎，大多数人都有过打篮球的活动。相比足球每场一两个的进球而言，篮球进球要容易得多，因为篮球进球的目标不高不低，恰好需要一个人全力以赴的一跳就能达到。这样一个全力一跳就能达到的目标既有挑战性又有实现的可能，对于这样的目标人们才会有高度的热情去追求它。因此想调动人努力的积极性，就应该制订出一个这样既有挑战有有可行性的目标来。当然我们应该设立一个最终胜利的总体目标，但这个目标应该是由很多可实施的小目标组成的。即在大目标下分出各个层次，分步实现大目标。

人生目标可以分成许多不同层次，如：终极目标、长期目标、中期目标、短期目标、小目标，这么多的目标并非处于同一个层面上，它们的关系就像一座阶梯，如图 7-2 所示。如果目标过于远大，我们会因为长时间苦苦追求却无法得到而灰心丧气。因此，我们需要将一个总体目标分解为若干个小目标，在工作生活的每周每天一步一步地去实现各种目标，就能走向成功。

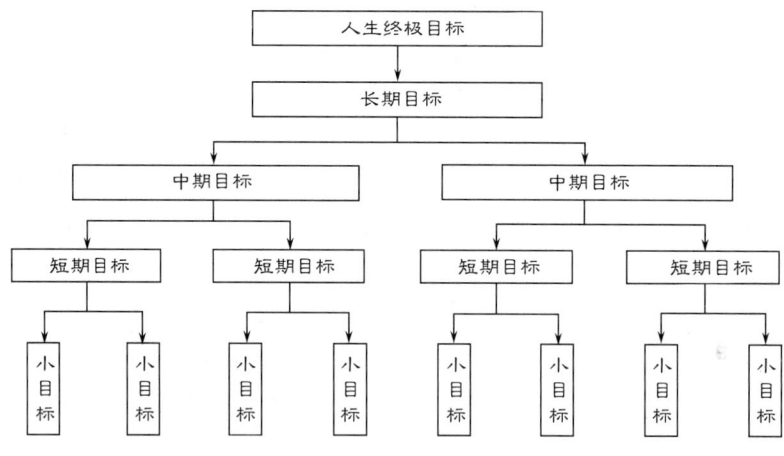

图 7-2　人生的目标

人生的终极目标是一个抽象的理念，也许你没有意识到当下所做的事情与终极目标的关系，但是终极目标就是由这些小的目标组成的。比如，希望自己能为社会作出贡献，那么无论是学习、工作、生活都会以它为标准，学习是增强个人能力，工作则直接为社会创造财富，生活上做到关心社会发展、了解社会需要。所以说每一个目标实现的同时也是在实现人生的终极目标。

人生长期目标是由数个中期目标组成的，而中期目标则由数个中期短期目标组成，短期目标则是由日常生活小目标组成。这几类目标的关系就像一棵树躯干、枝丫和叶的关系。只有实现每一个小目标，才能实现短期目标；只有实现每一个短期目标，才能实现中期目标；只有中期目标实现了，长期目标才能实现。这好像多米诺骨牌一样，大目标的实现是由他前面的小目标的完成来推动的，大目标是实现小目标的完成的最终目的，而小目标是实现大目标的必备条件。

二、善于决策，取舍有道

人生总在不停地做着选择题，小到今天吃什么穿什么，大到在我爱的人和爱我的人之间如何倾斜，或是在通往成功的十字路口中何去何从，制订何种目标？这些问题都需要我们进行决策。

决策（Decision-making）"是指组织或个人为了实现某种目标而对未来一定时期内有关活动的方向、内容及方式的选择或调整过程。主体可以是组织也可以是个人。"简单来讲，决策就是人们从两个或两个以上的方案中选择一个合理的方案来到达自身期望的目标。通过多种考虑和进行相应的比较之后，决策制订者决定应该做什么。决策是一个复杂的过程，决策就是决策者利用本身的价值观、信仰、兴趣和才能，在考证所有可能性的基础上得到一个令人满意的解决办法。

我们在做决策的时候总是在"我愿意做什么"和"我必须做什么"之间徘徊，即在完全非理性与完全理性之间徘徊。我们如何才能更好地决策呢？

（一）决策的原则

首先要择己所爱，我们在人生中作出的决定和选择要尊崇自己的兴趣与价值观；然后要择己所能，决策时还要考虑目标是否与自己的能力、性格特质等匹配、合适；其次要择世所需，我们的价值最终体现在对社会所做的贡献上；最后要择己所利，决策是一个优选的过程，要遵循效益原则，两利相较取其大，两害相较取其小。

（二）决策的应用——平衡单在生涯决策中的应用

我们还可以通过生涯平衡单的应用来帮助决策。生涯平衡单是将重大事件的决策思考方向集中在四个主题上：自我物质方面的得失；他人物质方面的得失；自我赞许与否；社会赞许与否。使用步骤如下：

每个项目的得分或失分，可以根据该方案具有的优势（得分）、缺点（失分）来回答，计分范围由1~10分；合计每个方案的优点总分和缺点总分，正负相加，算出客观的得失差数；根据自己的真实想法作答，可正确评估每个方案对自己的重要性。

生涯平衡单使用举例：

莎莎是大三的学生，会计专业，她心里很矛盾，既希望工作稳定，又希望工作具有挑战性。她性格外向、活泼、能力强、自主性高，目前她考虑的三大方向是：考公务员、国内读研究生、到国外读MBA。如表7-1所示。

表 7-1 莎莎的考虑因素

考虑方向	考公务员	国内读研究生	到国外读 MBA
优点	（1）满意的工作收入 （2）铁饭碗 （3）工作稳定轻松，工作压力较小 （4）一劳永逸	（1）和国内产业发展不会脱节 （2）能建立与师长同学朋友的人际关系网 （3）较高文凭 （4）今后升迁较容易	（1）圆一个国外留学梦 （2）增长见识，丰富人生 （3）今后工作升迁较容易 （4）激发潜力
缺点	（1）铁饭碗会生锈 （2）不易升迁 （3）不容易转行，无法想象自己会做一辈子公务员 （4）不符合自己的个性	（1）课业压力大 （2）没有收入	（1）课业压力大 （2）语言文化不合适 （3）花费较大 （4）挑战性高 （5）没有收入
其他	爸妈支持	男朋友的期望（研究生毕业已工作）	（1）工作两年有积蓄，但不多 （2）自己一直想到国外走走

表 7-2 莎莎的生涯决策平衡单（原始分数）

考虑项目 （加权范围 1~5 倍）	第一方案 （考公务员）		第二方案 （国内读研）		第三方案 （出国留学）	
	得（+）	失（−）	得（+）	失（−）	得（+）	失（−）
1.适合自己的能力		−4	5		6	
2.适合自己的兴趣		−3	4		8	
3.符合自己的价值观	5		3		7	
4.满足自己的自尊心		−2	3		7	
5.较高的社会地位		−5	3		6	
6.带给家人声望	2		1		2	
7.符合自己理想的生活形态	3		5			−3
8.优厚的经济报酬	7			−1		−8
9.足够的社会资源	2		8			−1
10.适合个人目前处境	5		2		1	
11.有利择偶以建立家庭	7		5			−5
12.未来有发展性		−5	5		8	
合　　计	31	−19	44	−1	45	−17
得 失 差 数	12		43		28	

表 7-3 莎莎加权后的生涯决策平衡单

考虑项目 （加权范围 1~5 倍）	第一方案 （考公务员）		第二方案 （国内读研）		第三方案 （出国留学）	
	得 (+)	失 (−)	得 (+)	失 (−)	得 (+)	失 (−)
1.适合自己的能力*5		−20	25		30	
2.适合自己的兴趣*2		−6	8		16	
3.符合自己的价值观*4	20		12		28	
4.满足自己的自尊心*2		−4	6		14	
5.较高的社会地位*3		−15	9		18	
6.带给家人声望*2	4		2		4	
7.符合自己理想的生活形态*5	15		25			−15
8.优厚的经济报酬*3	21			−3		−24
9.足够的社会资源*2	4		16			−2
10.适合个人目前处境*5	25		10		5	
11.有利择偶以建立家庭*4	28		20			−20
12.未来有发展性*3		−15	15		24	
合　　计	117	−60	148	−3	139	−61
得 失 差 数	57		145		78	

莎莎利用生涯决策平衡单（表 7-2，表 7-3）进行分析后，认为：对自己最为有利的是第二方案，最终她选择了大学毕业后在国内读研。

心海瞭望

马与驴

话说大唐贞观十三年九月，玄奘受皇帝的委托，到西天取经，官府特地为玄奘在长安挑选了一匹马作为交通工具和伙伴，一声长鸣，从此西去。

该马属于长安城的一家磨房，该磨房还有一头驴子，驴子拉磨，马送货，驴子与马是很好的朋友。好友分别，前途凶险，再见不知是何年何月，自然十分凄凉。然而马和驴谁也没想到从此它们俩的命运却截然不同了。

日月轮回，寒暑交替。17 年过去了，马终于驮着玄奘和经书归来了。马虽然老了，可它仍然记得与驴子当年的友谊，未及抖落尘土，马便来到了磨房，见到了驴子。一番寒暄之后，马问驴子："17 年了，你过得怎么样？"驴子说："还和当初一样，没什么不同啊！"驴子问马："你十几年来是怎么过的？"马感慨道："自与君分别后，我便驮着玄奘一路向西，路上时时景不同，走过高山、平原、沙漠、戈壁、大江、大河等，一路上的凶险简直让我至今都后怕。"驴子吃惊地说:"异国那么丰富的风景,让我想都不敢想呀!"马说:"我同玄奘大师有一个远大的目标,按照始终如一的方向前进,所以我们打开了一个广阔的世界。而你被蒙住了眼睛,一生就围着磨盘打转,所以永远也走不出这个狭隘的天地!"

推荐书目

1. 戴尔·卡耐基.《人性的优点全集》.刘津译.中国发展出版社,2011.
2. 李开复.《做最好的自己》.人民出版社,2005.
3. 斯科特·普劳斯.《决策与判断》.施俊琪,王星译.人民邮电出版社,2004.
4. 乔纳森·伯龙.《思维与决策》(第三版).胡苏云译.四川人民出版社,2009.

第三节 执行——知行合一

心灵导读

大学四年,是我们每一个人全面充实自己,提高自己能力的关键时期。进入大学,一扇新的大门向我们打开,人生翻开新的一章,我们斗志昂扬,充满激情,对很多事情都应该充满兴趣。四年的时间转瞬即逝,我们给自己制订了很多的计划,可是为什么很多时候,都是"思想的巨人,行动的矮子"?我们也知道行动的重要性,对于计划,也付诸实施了,可是为什么大部分计划却很难坚持下去?我们应该如何督促自己"做"呢?

20世纪70年代,一位名叫弗兰克的青年,居住在美国加州一个名叫萨德尔的小镇上。弗兰克家境贫寒,无钱上学,只好去旧金山谋生。弗兰克来到了旧金山,在繁华大街转悠了好几天,也没找到栖身之处。弗兰克发现,旧金山的大街上不少人以擦皮鞋为生,于是,他也加入到了擦皮鞋的大军之中。转眼半年时间过去了,弗兰克发现自己虽然每天早出晚归十分辛苦,但是却没赚到什么钱。弗兰克于是将自己的所有积蓄倾囊而出,租了一间小门面,边给别人擦鞋边卖雪糕。结果,雪糕生意的利润远胜于擦鞋。弗兰克一不做二不休,马上在小店附近又开了一家小店,专门卖雪糕。结果,雪糕的生意出奇得好,于是,弗兰克干脆不擦鞋了,专门卖雪糕。从此弗兰克开始了他的雪糕生意,并且越做越大。

到现在,弗兰克经营的"天使冰王"雪糕已拥有全美70%以上的市场占有率,在全球60多个国家有超过4000多家专卖店,稳居美国市场的主导地位。

斯德福，来自于洛基山脉附近的毕玲斯，他和弗兰克几乎是同时到达的旧金山。斯德福是位富有的农场主的儿子，斯德福的父亲一直希望自己的儿子能成为一位大商人，于是送斯德福上了大学，还读了研究生。斯德福毕业后，来到旧金山做市场调查，以确定自己最终的事业方向。而此时，弗兰克正拿着刷子在大街上给别人擦皮鞋。斯德福住在旧金山最豪华的酒店里，耗资数十万，经过一年多时间的周密调查和精确分析，得出的结论是：卖雪糕。而此时，弗兰克已经拥有了数家雪糕专卖店。

斯德福兴冲冲地将自己的调查结果告诉父亲，不料父亲却被气得差点晕倒，他感到匪夷所思的是，他的研究生儿子眼光居然如此浅薄，居然想去卖雪糕。父亲毫不留情地驳回了斯德福卖雪糕的请求。斯德福再次返回旧金山，对市场重新进行精确的调研，但是，调研的结果让他还是坚持认为：卖雪糕才是最赚钱的生意。一年后，斯德福终于说服了父亲，准备在全美经营雪糕连锁店。但是，此时弗兰克的"天使冰王"雪糕已经遍布全美。斯德福最终无功而返。

而弗兰克果断地将自己的目标付诸行动，并且坚持了下去，取得了巨大的成功。

心灵解码

20世纪80年代，尼科尔斯和德韦克提出了成就目标理论（Achievement Goal Theory），按照该理论所建构的评价标准和评价原则，评价成功有以下三个标准：第一，任务标准：主要看自己是否达到了某一活动的具体要求；第二，自我标准：主要是自我的前后对比，看自己现在是否比以前做得更好；第三，他人标准：主要看自己是否比群体中的其他人做得更好。综合这三个标准，我们可以看出，评价成功的核心在于"行动"，不管是哪一个标准，其关注点都在"做"上，而不是在"想"上。

在故事中，穷孩子弗兰克没有雄厚的资金，没有傲人的学历，没有从商的经验。而富孩子斯德福几乎拥有着成为成功商人的一切外在条件：雄厚的资金、傲人的学历和商人父亲积累的商业经验。斯德福成功的概率无疑比弗兰克大得多。但是，最终斯德福无功而返而弗兰克大获成功，原因就在于，不管在什么情况下，弗兰克都积极地把自己的想法化为行动，而斯德福却永远停留在想法上，一再地错失良机。

因此，要成功，我们就要做到"知行合一"。这是因为，思想是成功的"发动机"，思想是一种力量，这种力量主要体现在：思想是成功的动力之源。行动是"滚动的车轮"，行动也是一种力量，这种力量主要体现在：行动是成功的实现途径。从思想到行动，就如同我们把巨大的动力从发动机引向滚动的车轮，并把我们带向计划行使的目的地。

我们的行为都是受个人的动机、需要和价值观的影响。

什么是动机（Motive）？在心理学中，对此有各种不同的看法。心理学家一般认为，动机是由目标或对象引导、激发和维持个体活动的一种内在心理过程或内部动力。

动机是内部心理过程的一种，它可以为我们的行动提供内在动力，是我们大部分行为的构成基础。动机的方向、对象或目标会对个体行为任务的选择产生影响；而个体动机强度的大小会对个体具体行动时的努力程度和坚持性产生影响。

需要（Need）是有机体内部的一种不平衡状态，它表现在有机体对内部环境或外部生活条件的一种稳定的要求，并成为有机体活动的源泉。这种不平衡状态包括生理的和心理的不平衡。

所谓需要，是由个体对某种客观事物的要求而引起的。当我们感受到这些要求，并因此带来我们内在的某种不平衡状态时，这些要求就会转化为需要。需要指向的是特定的客体或事件，这些客体或事件能够满足我们的某种要求；需要为我们的活动提供基本的动力，是我们行为动力的重要源泉之一。在需要的推动下，我们才能进行各种各样的活动或行为。

价值观（Values）是指主体按照客观事物对其自身及社会的意义或重要性进行评价和选择的原则、信念和标准。

我们思想意识的核心就是价值观，价值观主要表现为，爱好兴趣、信仰理念和崇高理想。我们的思想和行为始终处于价值观的导向或调节之下。一般而言，我们把目标的价值定得越高，为实现这一目标而被激发的动机也就越强，那么，在活动过程中目标所能发挥出的力量也就越大；反之则越小。

心灵 SPA

化思想为行动，我们可以采取以下步骤：

一、积极思考，充分准备

我们每个人的心理状态都是在不断的变化之中，没有积极的思考，就没有良好的思想。只有持续、反复地积极思考，才能帮助我们发现：自己真正的心理需求是什么，自己认为最有价值的事情是什么，自己想要追求的目标是什么。人生路上无数个"为什么"，只有在积极思考中才能明晰，才能解决。只有在积极思考中不断产生"新的观念"，在积极思考中形成对未来的美好构思，我们才能不断完善自我，升华自我。

亨利·福特有一句名言："做好准备，是成功的首要秘诀。"充分准备，对于任何行动来说无疑是必需的。只有大弓拉满月，最后才能射出势大力沉之箭。准备充分才能把握机遇。

机遇只垂青有准备的人，只有对行动目标做好充分准备的人，才能在关键时刻抓住机遇、崭露头角。一般而言，我们在行动之前需要做好如下准备：

——思想准备。好的开端，等于成功的一半。做任何事情，如果有了思想上的准备，就已经有了一个好的开始。

——信息准备。古人云"知己知彼，百战不殆"。要应对复杂的情况和问题，就需要我们对情况和问题有一个基本的掌握和了解。

——能力准备。要使自己始终立于不败之地，就必须具有：广阔的视野、扎实的专业知识、多样的社会技能和控制全局的综合能力。

——人脉准备。一个篱笆三个桩，一个好汉三个帮。三个臭皮匠，抵一个诸葛亮，很多时候，集体的力量往往会给我们带来意想不到的喜悦。

二、主动地进行尝试

很多时候，我们不敢行动，往往是因为顾虑重重、不敢决断；或者恐惧失败、害怕招致批评而沮丧，或者单纯地为未知世界感到担忧。我们常常会认为，不做任何事情看来比面对恐惧来得容易，但是，如果什么都不做，没有尝试，我们如何才能知道自己的思想、观念是否正确？我们如何才能确认自己的想法是可行的？没有尝试，思想就只会是"空想"。实际上，我们的"尝试"不外乎会带来两种结果：要么实现目标；要么暴露问题。实现目标固然可喜，即使目标不能实现，暴露了问题，也没有什么值得我们恐惧的，因为我们还可以通过"果断地校正"来转败为胜。

三、果断地校正

"果断地校正"就是对行动的结果进行调试，以确保行动取得良好的效果。"果断地校正"建立的理论基础就是著名心理学家桑代克提出的尝试错误论。桑代克认为，学习的实质就是通过"尝试"在一定的情景与特定的反应之间建立的某种联结。在尝试的过程中，环境会根据我们不同的尝试给予不同的反馈。在不断尝试的过程之中，如果证明我们的尝试是正确的，行为就会保留下来；如果证明我们的尝试是错误的，行为就会被放弃。这样，我们就会逐渐放弃错误的尝试而保留正确的尝试，从而建立起正确的联结，这就是学习。这也就意味着：通过"尝试——发现错误——校正错误再尝试——再发现错误……"这样一个循环往复的过程就可以使我们的行动逐步趋近理想中的目标，直至目标的最后实现。

四、为自己的行动寻找动力

要开始行动，要持久行动，就必须要有强烈、持久、源源不断的动力。但是，我们行动的动力从何而来？

通常情况下，我们更愿意做自己认为有意义、有价值的事情。

行动的第一步：确定目标。而具体的目标应该如何确定？我们每个人都会按照自己的标准，对各种观念、事物和行为进行判断，从而发现事物对自己的意义，确定自己奋斗的目标。这个"标准"就是我们的价值观。不同的价值观，决定着不同的人生目标。

行动的第二步：寻找动力。在心理学上，我们通常将这种"动力"称之为"动机"。一般情况下，"动机"因为个体的"需要"而产生。著名心理学家马斯洛认为：人的需要是由五个等级构成的，如图7-3所示。

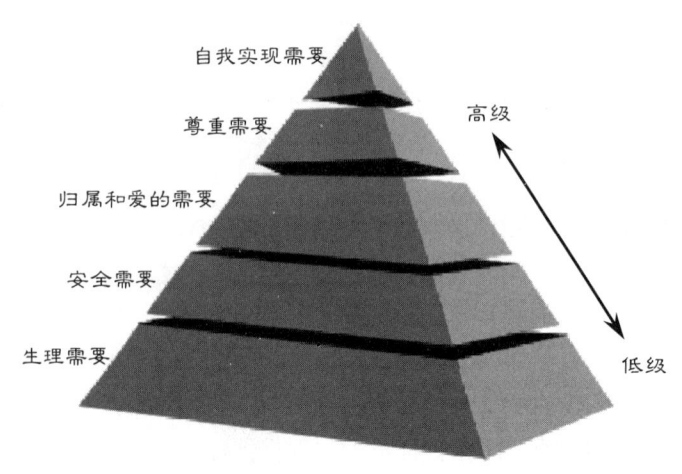

图7-3 人的需要

这五种需要都是人的最基本的需要，这些需要是天生的、与生俱来的，是激励和指引个体行为的力量。动机是在需要的基础上产生的。当我们的某种需要没有得到满足时，就会推动我们去寻找满足需要的对象，从而产生活动的动机。但是，此时的"需要"还没有转化为"动机"。当需要推动我们去活动，并把活动引向某一目标时，我们的"需要"就成为我们的"动机"。

行动的第三步：实现目标。一定强度的"动机"能促进我们"行动"，但是，"行动"是否能够实现最终的目标，除了"动机"要发生作用以外，"不抛弃、不放弃"的作用也不可小觑。足够强度的"动机"能够帮助我们将"目标"转化为"现实"；行动开始以后，没有"不抛弃、不放弃"的精神，目标也是无法顺利实现的。

心海瞭望

没有行动，我有时感觉十分痛苦，简直痛不欲生。　　——海明威

人生应该有思想，但思想不是人生的目的；决定人生价值的不仅是人的美好的思想，更重要的是行动。墨子说"志行，为也"，也就是说意志付于行动，那是作为。总有人感慨：人生苦短。而在这说长不长说短不短的人生中，最让我们得意的莫过于去实现了

自己的梦想。人生有了梦想才有动力，而追求梦想的开放的人生，势必要求我们必须敢于行动，及时行动，也必须善于行动。

推荐书目

1. 安迪·布鲁斯，肯·兰登.《行动力》. 王华敏，李寒莹译. 世界图书出版公司, 2014.
2. 魏特林.《做我生命中的第一：成功心理学》. 林伟贤译. 经济管理出版社, 2006.

实践与练习

第一章练习

第一节

我的适应力如何？

下面有二十道题，每道题有五个备选答案，请根据自己的真实情况，在题目后面写出相应英文字母，每题只能选择一个答案。

A——很符合自己的情况
B——比较符合自己的情况
C——很难回答
D——较不符合自己的情况
E——很不符合自己的情况

1. 假如在考试时能允许我到一个安静的房间，无人监考的情况下去答题，我的成绩肯定会更好些。（ ）
2. 无论在多么紧张的情况下，我总能保持镇静，不会丢三落四，紧张得什么都忘记了。（ ）
3. 当家中其他人的朋友和同学来做客时，我总是尽量避开他们，离家外出或躲到别的房间里去。（ ）
4. 即使在非常吵闹的场合，我也能集中注意力工作和学习，效率不会降低。（ ）
5. 和别人争论时，我往往想不出反驳的话，事后想起应该怎样反驳对方，但已经晚了。（ ）
6. 为了能和大家和睦相处，我常常放弃自己的意见，以附和多数人。（ ）
7. 每次离开家到一个新的地方去，我总要生一点小毛病，比如失眠、拉肚子等。（ ）
8. 我不怕夜间一个人走路。（ ）
9. 在生人面前或大庭广众之中讲话，我感到窘迫。（ ）
10. 我参加正式考试的成绩，比平时练习的成绩更好些。（ ）
11. 我在冬天比别人更怕冷，在夏天比别人更怕热。（ ）

12. 如果需要的话，我可以熬一个通宵，精力充沛地工作或学习。（ ）

13. 即使我把课本背得滚瓜烂熟，要我在课堂上当众背诵,我还是会出些差错。（ ）

14. 我在会上发言时，总是很镇静、自然，胜过大多数人。（ ）

15. 在检查身体时，医生说我"心动过速"，其实我平时脉搏很正常。（ ）

16. 到别处去时，即使饮食、睡觉等生活环境变化很大，我也能够很快适应那里的生活。（ ）

17. 我在参加比赛时，赛场上气氛越热烈，我的成绩越是上不去。（ ）

18. 在课堂上回答问题或在开会时发言，我能够镇静不乱地把自己事前想好地一切话都说完。（ ）

19. 我希望学习或工作时能独自进行，因为我独自学习或工作时比和大家在一起效率更高。（ ）

20. 我很容易与刚见面的陌生人攀谈起来。（ ）

记分与评价

题号为单数的题目评分标准：

A：1分；B：2分；C：3分；D：4分；E：5分

题号为双数的题目评分标准：

A：5分；B：4分；C：3分；D：2分；E：1分

二十道题总得分与心理适应的对应关系如下：

总分	心理适应力
20～35	很差
36～51	较差
52～68	一般
69～84	较强
85～100	很强

第二节

我的大学

（一）请完成10个"大学带给我"的句子

1.大学带给我 _____

_____

2.大学带给我＿＿＿＿＿＿＿＿＿＿＿＿＿＿＿＿＿＿＿＿＿＿＿＿＿
＿＿＿＿＿＿＿＿＿＿＿＿＿＿＿＿＿＿＿＿＿＿＿＿＿＿＿＿＿＿＿

3.大学带给我＿＿＿＿＿＿＿＿＿＿＿＿＿＿＿＿＿＿＿＿＿＿＿＿＿
＿＿＿＿＿＿＿＿＿＿＿＿＿＿＿＿＿＿＿＿＿＿＿＿＿＿＿＿＿＿＿

4.大学带给我＿＿＿＿＿＿＿＿＿＿＿＿＿＿＿＿＿＿＿＿＿＿＿＿＿
＿＿＿＿＿＿＿＿＿＿＿＿＿＿＿＿＿＿＿＿＿＿＿＿＿＿＿＿＿＿＿

5.大学带给我＿＿＿＿＿＿＿＿＿＿＿＿＿＿＿＿＿＿＿＿＿＿＿＿＿
＿＿＿＿＿＿＿＿＿＿＿＿＿＿＿＿＿＿＿＿＿＿＿＿＿＿＿＿＿＿＿

6.大学带给我＿＿＿＿＿＿＿＿＿＿＿＿＿＿＿＿＿＿＿＿＿＿＿＿＿
＿＿＿＿＿＿＿＿＿＿＿＿＿＿＿＿＿＿＿＿＿＿＿＿＿＿＿＿＿＿＿

7.大学带给我＿＿＿＿＿＿＿＿＿＿＿＿＿＿＿＿＿＿＿＿＿＿＿＿＿
＿＿＿＿＿＿＿＿＿＿＿＿＿＿＿＿＿＿＿＿＿＿＿＿＿＿＿＿＿＿＿

8.大学带给我＿＿＿＿＿＿＿＿＿＿＿＿＿＿＿＿＿＿＿＿＿＿＿＿＿
＿＿＿＿＿＿＿＿＿＿＿＿＿＿＿＿＿＿＿＿＿＿＿＿＿＿＿＿＿＿＿

9.大学带给我＿＿＿＿＿＿＿＿＿＿＿＿＿＿＿＿＿＿＿＿＿＿＿＿＿
＿＿＿＿＿＿＿＿＿＿＿＿＿＿＿＿＿＿＿＿＿＿＿＿＿＿＿＿＿＿＿

10.大学带给我＿＿＿＿＿＿＿＿＿＿＿＿＿＿＿＿＿＿＿＿＿＿＿＿
＿＿＿＿＿＿＿＿＿＿＿＿＿＿＿＿＿＿＿＿＿＿＿＿＿＿＿＿＿＿＿

（二）请完成10个"我带给大学"的句子

1. 我带给大学＿＿＿＿＿＿＿＿＿＿＿＿＿＿＿＿＿＿＿＿＿＿＿＿
＿＿＿＿＿＿＿＿＿＿＿＿＿＿＿＿＿＿＿＿＿＿＿＿＿＿＿＿＿＿＿

2. 我带给大学_____

_____

3. 我带给大学_____

_____

4. 我带给大学_____

_____

5. 我带给大学_____

_____

6. 我带给大学_____

_____

7. 我带给大学_____

_____

8. 我带给大学_____

_____

9. 我带给大学_____

_____

10. 我带给大学_____

_____

（三）讨论

对于全新的大学生活，我们准备如何度过？

第二章练习

第一节

（一）请你完成以下15个"我是……"的句子

我是_____

我是_____

我是_____

我是_____

我是_____

我是_____

我是_____

我是_____

我是_____

我是_____

我是_____

我是_____

我是_____

我是_____

我是_____

（二） 画出下列人生状态评估表，测量你人生成就的大小、查看你自我意识的完善程度

使用说明

1. 你目前的自我认识在哪个层面上，就在空白栏上点一个点。如，你目前的主要人生目标是要给家里买房子、车子，把家庭建设得更舒适，那么你目前的人生目标就属于第三层次，你就在第三层次空白栏里点上一个点。以此类推，把六项都评估完。

2. 然后你把各点连接起来，这样所形成的曲线就能够显示出你的内在自我主要集中在哪个层次。一般来说，曲线主要经过的层次就是你内在自我主要存在的层次。

3. 曲线下面的部分，就代表着你的人生成就和成熟的自我意识。也就是说，曲线下面的面积越大，表明你的人生成就就越大，你的自我意识就越完善，曲线下面的面积越小就代表着你的人生成就越小，你的自我意识越需完善。

人生状态评估表

根据所承担的责任和使命的不同，可以把人生的各方面划分为6个层次，每个层次的人格便有所不同	目标层次	爱情层次	思想层次	消费层次	烦恼层次	快乐层次
第六层次的人——关爱人类和整个大千世界的大智慧						
第五层次的人——能以国家利益为重，但缺乏全球观念，是比较接近大我的人						
第四层次的人——能以团队和集体利益为重，但却不够重视国家和全球利益						
第三层次的人——以家庭利益为重，是比较世俗的人						
第二层次的人——以自身利益为重，是麻木、不懂得感恩的人						
第一层次——没有任何责任心，是行尸走肉、精神死亡的人						

(三)造句

我(想)要……但是因为……我应该……所以我决定……

第二节

(一)训练一:夸夸我自己

训练目的:看到自己的长处,发现自己的优势,知道自己的进步,增强自信。

活动1 优点自察

示例:

我做事很细心。

我尊敬老人。

我有很多朋友。

我愿意帮助人。

我的适应能力很强。

我长跑特别有耐力。

我会做饭。

我有幽默感。

我很乐观。

我的普通话说得好。

你一定有很多值得夸赞的地方,请模仿上例,也写出10条"夸夸我自己"。

①

②

③

④

⑤

⑥

⑦

⑧

⑨

⑩

活动 2　多方面夸夸我自己

（1）从能力上"夸夸我自己"，夸得越多越好。

示例：我会讲故事。

练习：

（2）从品德行为上"夸夸我自己"，夸得越多越好。

示例：我尊敬老人。

练习：

（3）从学习上"夸夸我自己"，夸得越多越好。

示例：我的成绩专业第一。

练习：

（4）从身体素质上"夸夸我自己"，夸得越多越好。

示例：我的短跑全校第一。

练习：

（5）从性格上"夸夸我自己"，夸得越多越好。

示例：我很细心。

练习：

（6）同学们相互间交流以上五题的练习，想一想：自己的哪些长处是别人没有的？自己的哪些长处是活动之前没有想到的？

活动 3 我在进步

（1）根据自己的实际情况填空。

示例：

过去，我不会洗衣服；

现在，我会洗自己的衣服了。

练习：

①过去，我不会_____

现在，我会_____

②过去，我不能_____

现在，我能够_____

③过去，我不敢_____

现在，我敢于_____

④过去，我_____

现在，我_____

⑤过去，我不会_____

现在，我会_____

（2）分小组活动。小组中的同学以"你在进步"为题，相互指出他人的进步之处。记下别人认为你有进步的方面。

①

②

（3）逐条分析自己进步的原因。

示例："过去我不会洗衣服，现在我会洗衣服"的原因：一是父母教我，二是自己努力去学。

练习：

(二)训练二：我不满意自己……

训练目的：坦陈对自我的不满意，以平常心接受不完美的现实。

（1）列出对自己不满意的方面，可以是生理上的，可以是性格上的，也可以是学习中、生活中的。至少写出 5 点。

示例：

我不满意自己：①长相不好看；②爱玩游戏；③力气没有别人大；④说话有时会结巴；⑤家庭经济困难。

练习：

我不满意自己：

（2）逐条分析，哪些是可以改变的？哪些是短期内可以改变的？哪些是需要一段时间才能改变的？哪些是自己不能改变的？哪些是借助外力可能改变？

可以与同学一起分析也可以与辅导老师一起分析。

示例：

"长相不好看"，这是不可改变的。

"爱玩游戏"，是可以改变的，是短期内可以改变的。

"力气没有别人大"，这是可以改变的，但不是短期内能够改变的。

"说话有时结巴"，这是可以改变的，但不是短期内能够改变的。

"家庭经济困难"，这是可以改变的，但不是短期内能够改变的。

练习：

（3）同座练习，先由一同学说出一条"不满意"的内容，而后由另一同学根据以上几条，很快说出是否能够改变。

示例：

甲："做事粗心。"

乙："可以改变。"

甲："个子矮。"

乙："可以改变，但不是短期能够改变的。"

练习：

（三）请按照步骤完成下面的练习

我的百宝箱

（1）设想你有一只神秘的箱子，里面装满了属于你的最好的东西——你的优点和你所具有的各种能力。

（2）有一天你打开箱子，首先看到的是（   ）（   ）（   ）和（   ）；再往下几层还能看到（   ）（   ）和（   ）。

（3）不妨借他人的力量让自己拥有更多的优点，让你的同学和朋友与你一起发现你更多的宝贝。

（4）小组成员针对其他人的情况，每人送出一个优点，最好是尚未发现的优点和长处。

（5）你收到的优点是：（   ）（   ）（   ）。

现在你可以对自己说:"我是一个富有的人!我的优点让我更喜欢自己了!"其实优点对我们的影响远不止于此,它会让你更自信、更积极、更有勇气;也让你更加肯定自我的价值,更加容易接纳自己。

(1) 自我反省:在我的优点中,哪些已经得到了充分的发展?我是如何在学习和生活中利用和发挥这些优势的?

(2) 哪些优点很容易被我所忽视,还需要在以后的学习和生活中得以充分发挥?这样的状况到底对我产生什么影响呢?

(四) 分享与体会

记住卡耐基的一段话:"发现你自己,你就是你。记住,地球上没有和你一样的人……在这个世界上,你是一种独特的存在。你只能以自己的方式歌唱,你只能以自己的方式绘画。你是你的经验、你的环境、你的遗传造就的你。不论好坏与否,你只能耕耘自己的小园地;不论好坏与否,你只能在生命的乐章中奏出自己的音符。"

请写下以上活动的体会:

_____
_____
_____
_____
_____

(五) 自我认同感测试

心理学家埃里克森认为,20 岁左右的青年人存在着一个发展性的危机,这个危机叫做自我认同危机。他们经常会问自己一些问题,比如：我是一个什么样的人？有什么特长和优缺点？将来准备成为什么样的人？什么样的工作适合我？什么样的人生才有意义？如果一个人越是能够清楚地对这些问题做出回答,他的自我认同感就越强。反之,如果一个人对这些问题做出的回答都是模糊的,那么他的自我就会处于混乱的状态。处于角色混乱状态的人会感到自己不知道自己是谁,不知道自己是如何发展成这个样子的,也不知道未来会走向何处。

下面的测试可以测一下你现在的自我认同感。请认真地看每个题,根据以下标准给自己打分：

$$1＝完全不适用$$
$$2＝偶尔适用或基本不适用$$
$$3＝常常适用$$
$$4＝非常适用$$

( ) 1. 我不知道自己是怎样的人。
( ) 2. 别人总是改变他们对我的看法。
( ) 3. 我知道自己应该怎样生活。
( ) 4. 我不能肯定某些东西是否合乎道德或是否正确。
( ) 5. 大多数人对我是哪一类人的看法一致。
( ) 6. 我感到自己的生活方式很适合我。
( ) 7. 我的价值为他人所承认。
( ) 8. 当周围没有熟人时,我感到能更自由地成为真正的我自己。
( ) 9. 我感到自己生活中所做的事并不真正值得。
( ) 10. 我感到我对周围人们很适应。
( ) 11. 我对自己是这样的人感到骄傲。
( ) 12. 人们对我的看法与我对自己的看法差别很大。
( ) 13. 我感到被忽略。
( ) 14. 人们好像不接纳我。
( ) 15. 我改变了自己想要从生活中得到什么的看法。
( ) 16. 我不太清楚别人怎么看我。
( ) 17. 我对自己的感觉改变了。
( ) 18. 我感到自己是为了功利的考虑而行动或做事。
( ) 19. 我为自己是我生活于其中的社会一份子感到骄傲。

记分时，先把 1、2、4、8、9、12、13、14、15、16、17、18 题的回答结果转换一下（即如果选择的是 1，就打 4 分；选择 2，打 3 分；选择 3，打 2 分；选择 4，打 1 分）。其他问题计分保持不变。然后把这 19 个问题回答的得分相加。

奥克斯和普拉格发现，大多数人的平均得分在 57±7 的范围内，得分明显高于该数字的人，表明他的自我认同感发展良好；得分明显低于该数字者，表明他的自我认同感还处在发展和形成阶段。（引自奥克斯（Ochse）和普拉格（Plug）编制的自我认同感量表）

第三章练习

第一节

（一）人生意义问卷

人生意义问卷（Meaning in Life Questionnaire）是美国学者 Steger 等人于 2006 年编制，用于测量人生意义的两个因子：人生意义体验和人生意义寻求。前者是指个体目前所体验和知觉自己人生有意义的程度，后者指个体积极寻求人生意义或人生目标的程度，各含 5 个条目。后来由王孟成和戴晓阳修订的中文版（C-MLQ）适合我国的大学生使用。

指导语：首先，请您花一点时间思考一下，"对你来说，什么使您感觉到你的生活是很重要的"。然后，根据下列的描述与你的情况相符合的程度，在 1～7 中做出选择，填入（　）内。请你尽可能准确和真实地做出回答，下列问题的主观性很强，每个人的回答都会有所不同，并无对错之分。如下所示，1 对应的是"非常不同意"，2 对应的是"基本不同意"，依次类推。

　　　　　　　1=完全不同意，　2=基本不同意
　　　　　　　3=有点不同意，　4=不确定
　　　　　　　5=有点同意，　　6=基本同意
　　　　　　　7=完全同意

（　） 1. 我很了解自己的人生意义。
（　） 2. 我正在寻找某种使我的生活有意义的东西。
（　） 3. 我总是在寻找自己人生的目标。

（　）4. 我的生活有很明确的目标感。
（　）5. 我很清楚是什么使我的人生变得有意义。
（　）6. 我已经发现了一个令人满意的人生目标。
（　）7. 我一直在寻找某样能使我的生活感觉起来是重要的东西。
（　）8. 我正在寻找自己人生的目标和"使命"。
（　）9. 我的生活没有很明确的目标。
（　）10. 我正在寻找自己人生的意义。

计分方法：
人生意义体验因子：1, 4, 5, 6, 9 题相加；
人生意义寻求因子：2, 3, 7, 8, 10 题相加。
得分越高说明个体的生命意义感越高。

（二）探索人生的意义

目的： 对自己的人生做出评估。理解千差万别的人生经历，增强对他人的理解、关爱。

时间： 50 分钟

操作： 指导者先说明用人生曲线探索自己人生过程的意义，然后让大家划一个坐标，横坐标表示年龄，纵坐标表示生活的满意程度。然后找出自己生活中的一些重要转折点，连成线，边看着线边反省，并对未来人生的趋向用虚线表示。最后在小组内（5~6人）交流，每位成员以坦诚的心情向他人介绍自己的人生。通过相互交流可以了解到每个人不同的人生经历。交流结束时，每个小组派一位代表上台总结自己游戏的感受。

为了使曲线起伏明显，可以把过去最不幸事情的满意度定义为0，最高兴、最成功的事情，满意度定义为100%。

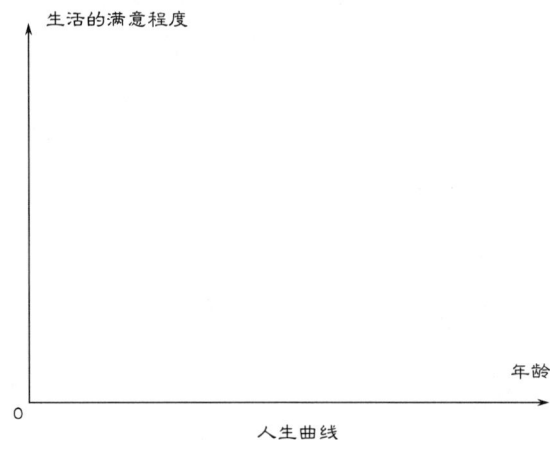

人生曲线

（三）写遗嘱

目的：对个人人生价值观作具体的探索并协助成员在生活中做明智的抉择

时间：45～60 分钟

道具：白纸、笔

活动程序：由于种种原因，你正面临着死亡。终期将至，请你写下你的临终遗言（50 字以内），并且选择在你弥留之际你所希望为你播放的音乐，填写音乐曲目。每个成员认真思索后写下你的遗嘱，分小组向其他组员讲出，并解释原因，谈一谈你在写的时候有什么感受，这感受对你今后的生活有什么影响？

临终遗言

_____

_____

_____

_____

签　名：

年　　月　　日

第二节

（一）制作自己的时间日志，寻找浪费的时间

把每天起床后到睡前的时间以 30 分钟为单位，记录在每一时间单位里所做的事情。不管你是在写邮件还是在花时间找你前天写下的备忘便条纸。

通过时间日志，每一个人都可以发现自己在哪里浪费了时间。如果你觉得自己每天都很忙，但睡前回想自己的这一天却感到无限空虚，那请建立你的时间日志，找出浪费时间的事件。

（二）画出一周时间饼图

目的：学会合理安排自己的时间，努力做到我的时间我做主。

步骤：

1．准备一张印有圆形图案的白纸。假如这个圆表示接下来一周的时间，你将怎样管理？如何分配？

2．用彩笔或钢笔铅笔等，把圆分割成线形图或涂成不同的色块。

3．给每一个图块外加注解，注明要做的事情。

思考：

1．你对学习、吃饭、休息、交友、娱乐等活动时间是如何安排的？

2．与以前相比，你的时间安排是否更合理了？

3．与其他同学交流，看看有何不同，谁的更合理？如何调整自己的时间安排，使其更加合理？

（三）撕纸游戏

目的：促使学生了解时间的特性，理解时间的重要性，体验光阴似箭和不可逆转。

步骤：给成员提供一张长长的纸条开始活动，主领的指导语是：现在你手上的长纸条代表你长长的一生，假如你可以活80岁，假设你60岁退休，所以请你撕去1/4；现在已过去了20年，请你撕去剩下纸的1/3；假设你一直读书直到30岁，所以请你把30岁到60岁的时间撕去，也就是撕去余下的3/4；现在剩下的就是20岁到30岁的十年时间，现在再撕去你睡觉、吃饭的时间，剩下的这一张短短的纸条，就代表了您在 20 岁到 30 岁的时间里的学习、工作和娱乐的时间。引导成员对时间这一概念有直接、感性的认识。

思考：

1. 看着现在你手上的小纸片，你有怎样的感觉？
2. 刚才撕纸人生游戏中，给你感触最深的是哪个环节？为什么？
3. 拿出笔，在这张小纸片上画出，你想如何安排你年轻时的黄金时段，学习占多少比重，工作占多少比重，娱乐又占多少比重。通过成员之间的分享交流，获得更多的感悟与提升。

第四章练习

第一节

情绪类型测验

在生活中，有些人是忧心派，总在烦恼着；还有些人是乐天派，无忧无虑没心没肺。假如用动物来做比喻的话，来测测看你是什么类型吧。

1. 你喜欢自己的外表吗？
 • 是的——2　　• 不是——5
2. 你会每天都看报纸或书籍吗？

- 是的────6   · 不是────3
3. 你会每天换一套衣服上班吗?
   · 是的────11   · 不是────7
4. 如果身体有点不舒服你会非常在意吗?
   · 是的────8   · 不是────9
5. 你经常迟到吗?
   · 是的────6   · 不是────4
6. 在重要的日子的前一天你会难以入睡吗?
   · 是的────4   · 不是────9
7. 会叱责别人在饭后还吃东西吗?
   · 是的────10   · 不是────11
8. 喝牛奶之前会看看保质期吗?
   · 是的────12   · 不是────13
9. 你常常担心袜子被钩破吗?
   · 是的────8   · 不是────10
10. 你是否有做记录或使用记事本的习惯?
    · 是的────14   · 不是────13
11. 乘车时你会看身边的人在看的报纸或杂志吗?
    · 是的────15   · 不是────10
12. 你每个月都省一些钱吗?
    · 是的────A   · 不是────B
13. 你认为未来将更加低迷吗?
    · 是的────12   · 不是────C
14. 你会买二手的东西吗?
    · 是的────C   · 不是────D
15. 你是否没有耐心听完别人的演说?
    · 是的────D   · 不是────14

答案:

A. 无事生非型──猴子

你的生活只有黑白,没有颜色,遇事总是考虑最糟糕的情况。你不会享受从开始到结束都很愉快地做事情,从一开始就担心,害怕出错导致失败,即使顺利地成功完成后,也不会很高兴,因为你是一个完美主义者。

B. 阴晴不定型──蛇

基本上你是一个情绪化的人,心情好坏只在一线之间。心情不好时,会忽视所有人,冷淡地对待别人，即使是领导的电话也会拒绝。所以别人会怕看到你情绪化的行为。

C. 乐观积极型——小狗

你是一个相当情绪化的人，心情愉快的时候，别人说什么都可以，情绪一来的时候却慌乱如麻。但这正是因为你很单纯，这一类型的很多人已经在控制自己的情绪了。所以抛开消极的一面你会积极地思考。

D. 无忧无虑型——鸽子

你是一个短期的乐天派，因为你被很多人保护着，不会有很多困扰你的问题和是非，所以不容易受到外界影响，相对地，也有不好的一面，因为不会察言观色，很容易得罪人。做事情往往不会想到后果，时而让别人为你善后。

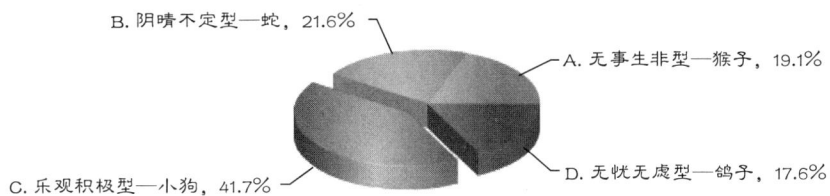

第二节

请详细阅读下列问题，想象你可能会有的情绪反应，尽可能多地觉察当下的情绪及感受。

（一）当你在走廊与人边走边聊天的时候，有个人突然冲过来把你撞到了

你的反应、感受：_____

觉察领悟：_____

_____

（二）当你排队买东西时，有人不守秩序插到你前面

你的反应、感受：_____

觉察领悟：_____

_____

（三）有人给你取了不雅的绰号，不时嘲弄你

你的反应、感受：_____

觉察领悟：_____

_____

（四）有人不知趣，经常倒你水瓶的水喝，你口渴时却没有水了

你的反应、感受：_____

觉察领悟：_____

_____

（五）外出时，你碰见一位熟人，不知为什么，他却没和你打招呼

你的反应、感受：_____

觉察领悟：_____

_____

（六）你把一本好书借给人看，他却弄丢了

你的反应、感受：_____

觉察领悟：_____

_____

第三节

（一）我的情绪智力有多高

通过回答下列问题，你可以对自己的情绪智力有一定的了解。为每一题打分：从1分（最不符合我的情况）到5分（最符合我的情况）。

情绪的自我认知
（1）我善于识别自己的情绪。
（2）我善于理解自己承受各种感觉的原因。
（3）我善于将自己的感受从行为中分离出来。

管理情绪
（4）我善于承受挫折。
（5）我善于控制自己的脾气。
（6）我对自己的感觉是积极的。
（7）我很善于应对压力。
（8）我的情绪不会影响到我集中精力达成目标的能力。
（9）我有很好的自控能力且不易冲动。

了解他人的情绪
（10）我善于接受他人的观点（比如同学和家长）。
（11）我能理解和感觉到他人的感受。
（12）我很善于倾听别人的讲话。

处理人际关系
（13）我很善于分析和理解人际关系。
（14）我很善于借鉴人际关系中的难题。
（15）我在人际关系方面是有主见的（而不是被动的，被控制的或者是带有挑衅性的）。
（16）我有一个或多个亲密朋友。
（17）我很善于分享和合作。

评分和释义：将所有17题的得分加起来，就得到了你的情绪智力总分。

如果你的情绪智力总分在 75~85 之间，那么也许你有高的情绪智力了，这样的人能准确把握情绪，能有效管理情绪，知道如何理解别人的情绪，并能处理好人际关系。

如果你的情绪智力总分在 65~74 分之间，那么你可能有比较高的情绪智力，但你还有很多地方需要提高，查看一下你选了"3"或"3"以下的题目，看看还有哪些方面需要去改进。

如果你的总分在 45~64 分之间，那么你的情绪智力可能只处于中等水平，仔细考虑一下你的情感生活，检查你的情绪弱点并努力改进它们。

如果你的得分低于 44 分，你的智商可能低于平均水平。如果你的智商总分处于平均水平或低于平均水平，检查一下有助于提高你情绪智力的资源。当你认识到可以调用一些资源来改进你的生活技巧的时候，说明你的能力得到了加强，而不是弱化。

（二）请用合理情绪理论分析在你生活中发生的一次负性事件

A.发生了什么事：

B.当时有什么想法：

C.是怎样的情绪反应：

D.对当时想法进行辩论。想法对吗？证据是什么，按当时的想法去做的 最大好处是什么，最坏是什么？

E.若再来一次，现在我会怎么处理，会说些什么，会做些什么，感觉如何？

第五章练习

练习一　团队游戏——默契报数

练习目标： 体验团队的默契

练习规则：

1. 谁都可以开始；
2. 同一个人不可连续重复报数；
3. 成员间不可以沟通、提醒、暗示；
4. 如果出现两人同时或多人共同报数，则重来；
5. 以不超过三十分钟为原则；
6. 每组五到十五人。

操作步骤：

1. 让所有成员围成一个大圆圈；

2. 所有人同时面向圆心，分别往圆内走五步，碰到人则让开继续走，可根据情况走（比如两步）；

3. 走完五步则立定，然后开始报数，从 1 开始（以上为混乱顺序的方式，也可以请所有人以逛大街的方式，随处走动）；

4. 不限制报数的前后顺序，一切由彼此默契决定；

5. 若有成员报相同数目则重来；

6. 直到所有数目都被报过且没有重复，则任务完成。

思考与探索：

1. 你刚刚有什么感觉吗？

2. 在这个活动过程中，你感受到了什么？

3. 你从这个游戏中感受到了默契吗？

4. 你觉得在团队内怎样才能做到默契呢？

练习二　团队游戏——信任之旅

练习目的： 通过助人与受助，增加对他人的信任与接纳。

游戏规则： 按照活动二中的两人小组，一位成员扮作盲人，一位扮作帮助盲人的人。盲人蒙上眼睛，原地转三圈，暂时失去方向感，然后在帮助者的搀扶下，沿着知道者选定的线路，带领盲人绕室内外练习。期间不能有任何话语的交流，只能用手势动作帮助盲人体验各种感觉。练习结束后，两人坐下来交流当盲人的感觉和帮助别人的感觉，并在团体内分享。然后互换角色，再来一遍。

时间和材料： 40~50 分钟，遮眼罩若干个（若材料缺乏让盲人扮演者闭上眼睛亦可）。

注意事项： 指导者最好事先选择还盲行的路线，道路最好不是坦途，有阻碍，如上下楼、上下坡、拐弯、室内外结合等。

活动分享：

1. 如果你扮演盲人，你看不见后是什么感觉，使你想起什么，你对你的伙伴的帮助是否满意，为什么？

2. 当你扮演聋哑人,你是怎样理解你的伙伴,你是怎样想方设法帮助他的,这使你想起了什么?

3. 在整个活动过程中,你对自己或者他人有什么新的发现?

4. 整个活动中,你有什么感受?

练习三　团队游戏——撕纸

练习目标: 学会沟通,明确沟通的双向性。
操作步骤:
1. 给每位成员发一张纸。
2. 活动指导者发出单项指令:"大家闭上眼睛—全过程不许问问题—把纸对折—再对折—再对折—把右上角撕下来,转180°,把左上角也撕下来—请睁开眼睛,把纸打开"。
3. 第一阶段活动结束,大家会发现各种答案。问大家为什么会有这么多不同的结果?(参考:也许大家的反应是单向沟通不许问问题所以才会有误差)
4. 第二阶段,这时指导者可以让每两位同学背靠背,一个人重复上述的指令,而另一个人照着那个同学说的话去折纸,也可以问问题。
5. 第二阶段活动结束,大家会发现还会有误差,这是为什么呢?(参考结论:任何沟通的形式及方法都不是绝对的,它依赖于沟通者双方彼此的了解,沟通环境的限制等,沟通是意义转换的过程)

写一写你的练习感受:

练习四 团队游戏——我说你画

练习目标：
1. 让学生学会全局思维、清晰表达、准确回应。
2. 学生学会多角度找原因，主动承担责任。
3. 体验有效的信息沟通要素包括准确表达、用心聆听、思考质疑、澄清确定等。

活动时间： 10～15 分钟。

活动道具： 两张样图，每人一张 16 开白纸和笔。

活动场地： 室内为宜。

活动步骤：

1. 第一轮请一名志愿者上台扮演"传达者"，其余人员扮演"倾听者"，"传达者"拿着图样一，背对"倾听者"进行画图指令传达。
2. "倾听者"根据"传达者"的指令进行画图，要求"倾听者"不许提问。
3. 展示"倾听者"所画的图，再分别由"传达者"和"倾听者"谈感受。
4. 第二轮再请一位志愿者上台扮演"传达者"，其余同学作为"倾听者"。"传达者"看图样二，面向"倾听者"传达画图指令，其中允许"倾听者"提问。
5. 展示"倾听者"所画的图，请"传达者"和"倾听者"谈自己个感受，并比较两轮过程与结果。

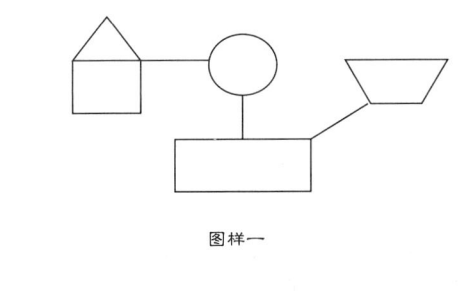

图样一

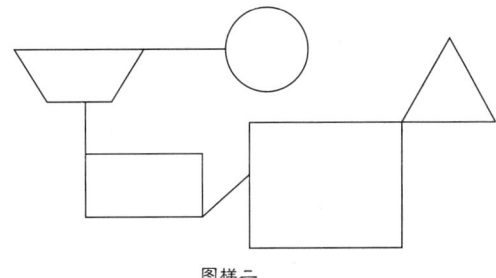

图样二

注意事项：

  1. 第一轮和第二轮两张样图构成的图形基本一致，但位置关系有所区别。

  2. 两轮中"传达者"可以是同一人，也可以为不同人。

  3. 邀请"倾听者"谈感受时，重点可以选择有代表性的同学，如画得较准确的和特别离谱的，这样便于分析造成不同结果的原因。

分享与体会：

第六章练习

（一）大学生性心理健康问卷

$$1＝完全不同意$$
$$2＝比较不同意$$
$$3＝不能确定$$
$$4＝比较同意$$
$$5＝完全同意$$

（ ）1. 当谈到性的时候我就感到特别不自在。

（ ）2. 只要方式得当，自慰是无害的。

（ ）3. 我认为年轻人应该通过自己的经验来获得性知识。

（ ）4. 对色情作品应予禁止。

（ ）5. 女性不应该比男性有更强烈的性欲望。

（ ）6. 开放的性观念会让我难以接受。

（ ）7. 我害怕自己会发生性行为。

（ ）8. 我觉得性幻想、性梦是可耻的。

（ ）9. 女人常常利用性来获得各种利益是很正常的事情。

（ ）10. 道德因素对我的性欲抑制程度很强。

（ ）11. 没有爱情基础的性行为是很难让人满意的。

（ ）12. 性对我来说是可有可无的。

（ ）13. 由于父母的影响，使我在性方面受到抑制。

（ ）14. 我不能容忍自己有非法的性行为。

（　）15. 我能接受去参加一个狂欢放荡的聚会。
（　）16. 我有意识地努力不去想有关性方面的事。
（　）17. 当我性兴奋的时候，我什么都不想，只希望得到满足。
（　）18. 我对性行为感到恐惧。
（　）19. 发生性行为的人让我觉得恶心。
（　）20. 我希望有多个性伙伴。
（　）21. 与陌生人做爱更令人兴奋。
（　）22. 为了达到和他（她）拥抱亲吻或发生性关系的目的，我并不需要尊重他（她）或爱他（她）。
（　）23. 决定流产与否是怀孕妇女的事，与他人无关。
（　）24. 只要他（她）对我好，我不会介意他（她）与别人有性关系。
（　）25. 性欲望总是强烈地支配着我。
（　）26. 在性问题上允许男性有更多的自由是很自然的。
（　）27. 我总是被一些下流的想法所烦扰。
（　）28. 我的性幻想中常包含挨打、受虐的内容。
（　）29. 性爱通常只是满足了生理上的需要。
（　）30. 我总想虐待我的性伙伴。
（　）31. 用性行为做权钱交易是对性的亵渎。

说明： 每项均按"完全同意"(5分)、"比较同意"(4分)、"不能确定"(3分)、"比较不同意"(2分)、"完全不同意"(1分)排列和评分，其中2、4、6、10、11、31项为反向计分。得分越高，说明性心理健康水平越低。

（二）爱的测验——测测是喜欢还是爱情

指导语： 不管你是否恋爱，试着对自己的情况或想法勾选下列符合自己目前恋爱状况或对爱情憧憬的项目。（可复选）

1. 爱情量表
（1）他情绪低落的时候，我觉得很重要的职责就是使他快乐起来。
（2）在所有的事件上我都可以信赖他。
（3）我觉得要忽略他的过失是一件很容易的事。
（4）我愿意为他做所有的事情。
（5）对他，有一点占有欲。
（6）若不能跟他在一起，我觉得非常不幸。
（7）我孤寂时，首先想到的就是要去找他。
（8）他幸福与否是我很关心的事。

（9）我愿意宽恕他所做的任何事。
（10）我觉得他得到幸福是我的责任。
（11）当和他在一起时，我发现我什么事都不做，只是用眼睛看着他。
（12）若我也能让他百分之百的信赖，我觉得十分快乐。
（13）没有他，我觉得难以生活下去。

2. 喜欢量表
（14）当和他在一起时，我发觉好像二人都想做相同的事情。
（15）我认为他非常好。
（16）我愿意推荐他去做为人所尊敬的事。
（17）以我看来，他特别成熟。
（18）我对他有高度的信心。
（19）我觉得什么人跟他相处，大部分都有很好的印象。
（20）我觉得他跟我很相似。
（21）我愿意在班上或团体中，做什么事都投他一票。
（22）我觉得他是许多人中，容易让别人尊敬的一个。
（23）我认为他是十二万分聪明的。
（24）我觉得他在我所有认识的人中，是非常讨人喜欢的。
（25）他是我很想学的那种人。
（26）我觉得他非常容易赢得别人的好感。

结果分析

你的勾选项目若集中在 1 至 13 项者，表示你对 TA 的感情以爱情成分居多，而若多集中在 14 至 26 项者，表示你对 TA 的感情以喜欢成分居多。

（三）爱的蓝图——你憧憬的理想爱情

指导语：绘制一幅爱情蓝图（包括你期望的爱人和你想要的生活状态）。

思考：如何实现这样的蓝图和愿景，你可以为此作出哪些努力？你将如何经营你们的爱情？

（四）爱的感谢信——你想对 TA 说

指导语： 如果你正在恋爱，你想对那个一直陪伴你的 TA 说些什么呢？请通过书信的形式表达你在恋爱关系中的感受和对 TA 的感谢。

思考： 书信沟通后你有怎样的感悟？你们的关系是否发生了一些变化？是哪些呢？

第七章练习

第一节

（一）每周找个时间，写下你分别在幸福的汉堡模型图所示的不同象限中的经历、感受，任由想法冒出来，写完后，问自己如何可以得到幸福的感受

当你写下好的感受时，你会被其牵引，而向往更好；当你写下要改善或不好的感受时，当写出后的一刹那，那些不好的感受就开始放下你，你就有了思维去找寻更好的幸福。

（二）找个时间做幸福冥想练习

1. 找个安静的地方舒适的躺下或腰颈直立的坐着，开始先用 3~5 分钟，只关注自己呼吸的方式，让自己的大脑静下来。

2. 入静后，开始冥想曾经的幸福体验，越具体越好，环境，看、听、感受到的一切，让那种幸福体验的感觉涌遍全身；找更多的这种幸福体验，让这些幸福的感受紧紧地包裹着自己。

3. 体验完成后，回到现实。

坚持每天做这种练习，你将可以很快地调动这种幸福的体验，而帮助你在一些不利的情况时，调动自己更好的生活。

第二节

（一）制作一份人生目标书

很多人认为设定人生目标就是找一些遥遥无期的梦想，但永远不会实现。这被看成是只是预言如何实现自己抱负，因为，第一，这些目标没有被足够详细的定义；第二，它始终只是一个目标，而没有相应的行动。定义自己的目标是一件需要花费很多时间仔细考虑的事情。请按照下面的步骤制作一份人生目标书：

（1）写出你的人生目标的清单。人生目标是那种你愿意投入精力去做，就可能达到的目标。因此，你这一生真正想要的是什么？什么是你真正想成就的事情？如果你突然发现你不再有足够的时间去完成的时候，哪些事会让你后悔不已？这些都是你的目标，把每个这样的目标用一句话写下来。如果其中任何目标只是达到另外一个目标的关键步骤，把它从清单中去掉，因为他不是你的人生目标。如此来获得一个清晰明白的人生目标。

（2）对于每一个目标，请设定一个你认为合适的时间规划。可以是你的十年计划，五年计划，还有你的一年计划。

（3）在每个目标下面写上你所需要但是目前你并不拥有的资源并思考要完成每一步所需要的行动。按此思路依次列出长期目标、中期目标、短期目标和小目标。这些东西可能是教育、培训、财力、技能等等。如果任何一个目标下面还有子目标，都可以补充完整，以保证你的每一步都有精确的行动相对应。

（4）检查整个时间框架，为你所需要完成的每一小步，制订你所需要完成的时间表。可以精确到月、周甚至日。

（5）检查你的整个人生目标，然后定下你这周、这个月和今年的目标任务进度表。

（二）生命线

请准备好一支鲜艳的笔和一支黯淡的笔（比如一支红笔和一支蓝笔），用颜色区分心情。

从本页空白部分的中部起，画一条长长的横线，加上个箭头在末端。在原点处标上0，在箭头处标上你为自己预计的寿数。然后在空白部分的顶端写上XXX的生命线。这条线标示了你一生的时限，是你脚步的蓝图。

的生命线

现在请根据你规划的生命长度，找到你目前所在的那个点，标出来。比如说你现在18 岁，就标出 18 岁的那个点。在这点的左边，代表着过去的岁月，右边，代表着未来。把过去对你有着重大影响的事件用笔标出来。比如你 7 岁上学了，就找到和 7 岁对应的位置，填写上学这件事。如果你觉得是快乐的事，你就用鲜艳的笔来写，并要写在生命线的上方。如果你觉得快乐非凡，你就把这件事的位置写得更高些。如果你觉得是痛苦的事，你就用暗淡的笔来写，并写在生命线的下方。例如，17 岁高考失利……你痛苦非凡，就在生命线的相应下方很深的陷落处留下记载。依此操作，你就用不同颜色的笔和不同位置的高低，记录了自己在今天之前的生命历程。

然后我们来到未来，把你一生想干的事，都标出来，并尽量把时间注明。视它们带给你的快乐和期待的程度，标在不同的高度。当然，也请把一些可能遇到的困难一一用黑笔勾勒出来。这样我们的生命线才称得上完整。

看看是线上面的事件多，还是线下面的事件多？如果大部分都是在线以下的，是否可以考虑调整一下自己看世界的眼光？

当把生命线画完后，请把注意力集中在此时此刻。以前的事已经发生过了，哪怕是再可怕的事，也已经过去。你不可改变它，能够改变的是我们看待它的角度。一个人的成熟度，在于这个人治愈自己创伤的程度。过去是重要的，但它再重要，也没有你的此刻重要。

好好规划你的未来，让它合理而现实，然后根据限期去实现它。请好好保管你的蓝图，时常看看。生命线不是掌握在别人手里，它只有一个主人，就是你自己。无论你的生命线是长是短，每一笔都由你来涂画。

（三）请用决策平衡单为自己做一次生涯决策

你的考虑因素

考虑方向			
优点			
缺点			
其他			

你的生涯决策平衡单（原始分数）

考 虑 项 目 （加权范围 1~5 倍）	第一方案		第二方案		第三方案	
	得（+）	失（−）	得（+）	失（−）	得（+）	失（−）
1. 适合自己的能力						
2. 适合自己的兴趣						
3. 符合自己的价值观						
4. 满足自己的自尊心						
5. 较高的社会地位						
6. 带给家人声望						
7. 符合自己理想的生活形态						
8. 优厚的经济报酬						
9. 足够的社会资源						
10. 适合个人目前处境						
11. 有利择偶以建立家庭						
12. 未来有发展性						
合　　计						
得 失 差 数						

你加权后的生涯决策平衡单

考虑项目 （加权范围 1~5 倍）	第一方案		第二方案		第三方案	
	得（+）	失（-）	得（+）	失（-）	得（+）	失（-）
1. 适合自己的能力*5						
2. 适合自己的兴趣*2						
3. 符合自己的价值观*4						
4. 满足自己的自尊心*2						
5. 较高的社会地位*3						
6. 带给家人声望*2						
7. 符合自己理想的生活形态*5						
8. 优厚的经济报酬*3						
9. 足够的社会资源*2						
10. 适合个人目前处境*5						
11. 有利择偶以建立家庭*4						
12. 未来有发展性*3						
合　　计						
得　失　差　数						

第三节

行动力自测

测试题目

（1）杨桃其实正暗恋着某种水果，你觉得它喜欢谁呢？

　　　A．香蕉→5 分　　B．柠檬→1 分　　C．番茄→0 分　　D．水蜜桃→3 分

（2）如果有颗水果想要阻挠杨桃的暗恋，想来个恶作剧的话，你觉得又会是谁呢？

　　　A．香蕉→3 分　　B．柠檬→1 分　　C．番茄→0 分　　D．水蜜桃→5 分

（3）在象棋棋盘中有两颗棋子在对话，它们分别是将、帅的马，你觉得它们在讲什么呢？

　　　A．我一定跑得比你快→1 分　　B．唉！我们的军队快输了→3 分

　　　C．我比你美多了→0 分　　　　D．今天天气不错→5 分

（4）如果有一颗撞球快被人用球杆撞去，你想那颗球怎么想？

　　　A．痛死了啦，讨厌！→1 分

B．如果撞到东西，还要滚来滚去，真麻烦！→0分

C．终于可以让我大显身手喽！→5分

D．即使这人技术不佳，我也要凭自己的本事飞高一点。→3分

（5）如果你可以在豪华的吧台喝酒，你会选哪一杯呢？

A．水果酒→0分　　B．清酒→5分

C．啤酒→1分　　　D．葡萄酒→3分

测试结果

19分以上→A型；　　13~18分→B型

7~12分→C型；　　　6分以下→D型

测试结论

A型：行动力很强。

行动力是你天生的才能。因为你的好奇心强，什么事都想亲自试试，所以你的行动力比起其他人来说超强无比。因为你根本不太会去想"如果失败了怎么办"之类的问题，所以不管在什么样的领域内，你都能亲自体验，因此增加了美梦成真的可能性。

B型：拥有不错的行动力。

由于你自身潜藏着一种看清事实的直觉力。所以你一直是凭直觉前行，但做事还是有些犹豫。譬如对于决策会认为"说不定他……"而以往的经历又告诉你，事情总是被你猜中，或者你有时会觉得"事情一定会变成……"而以往的经历又暗示你，你对未来的直觉也是挺准的，这些都延误了你的行动。

其实人们有时看重的经验是通过意识筛选出来的，尤其是针对这种带有预测求证的经验，人们往往记住的是预测正确的经验，而那些失败的便会选择性遗忘。用经验引导直觉再来判断行为取向是无可厚非的，只是不能过于拖拉以免错失良机。

C型：思考力博弈行动力。

估计你理论的思考能力变成了你行动力最大的强敌。你一直是个不论在什么时候都能做出正确判断的人，因此你在进行学业的时候没有过大的失败。所以你习惯于在你感到迷惘、不知道该怎么办的时候，运用各种途径多吸收知识和信息来得知"事实真相"，而且不到把事情弄得清清楚楚是不会去做的。习惯当然是好习惯，但这同时也会影响到你的启动行动的速率。

D型：生活随意，行动力需要加强。

你是个很懂得生活的人，分辨美的事物、品味人生中的快乐是你的优点，也是你的强项。但你也是个生活过于随性的人，做事计划性不强，所以各种计划出来之后的行动力也不强，想要成就事业，或者成为富足生活的主人，你可要加油了哦！

参 考 文 献

毕淑敏. 2010. 心灵游戏 [M]. 北京: 北京十月文艺出版社
丁菊红. 2005. 少男少女 "性" 话秘答[J]. 初中生之友, (11)
樊富珉, 林永和. 2005. 心理素质: 成功人生的基础[M]. 北京: 北京出版社
傅宏. 2004. 宽恕理论在心理学治疗领域中的整合发展趋势[J]. 教育研究与实验, (3)
葛操. 2000. 当代大学生心理分析[M]. 北京: 工商出版社
谷力群, 刘勇. 2009. 用元认知策略加强大学生自我意识的培养 [J]. 辽宁科技学院学报, 11(1)
何颖群. 2010. 关于构建高职院校学生职业生涯规划指导体系的探索[J]. 学理论, (7)
贺莉. 2006. 心灵鸡汤全集 2 [M]. 北京: 民主与建设出版社
黄彬. 2011. 有关自我价值感的研究综述 [J]. 科教文汇, (1)
黄大建. 2008. 行动力: 让自己成为最有潜力的人 [M]. 北京: 中国华侨出版社
黄新红. 2013. 新编大学生心理健康教育实用教程[M]. 天津: 南开大学出版社
李杰. 2008. 学生最喜爱的感恩故事 [M]. 哈尔滨: 哈尔滨出版社
李静林. 2005. 目标的威力[J]. 西部财会, (7)
李湘晖. 2011. 大学生宽恕现状及其与心理健康的关系研究 [J]. 现代预防医学, (14)
李中莹. 2003. NLP简快心理疗法 [M]. 北京: 世界图书出版公司
刘达临, 胡宏霞. 1991. 性科学通俗读本: 性学十三讲 [M]. 珠海: 珠海出版社
刘海燕, 郭德俊. 2004. 近10年来情绪研究的回顾与展望 [J]. 心理科学, (3)
罗伯特·所罗门. 2011. 幸福的情绪 [M]. 聂晶, 杨壹茜, 左祖晶译. 北京: 中国人民大学出版社
罗伯特·J·斯滕伯格, 凯琳·斯滕伯格. 2010. 爱情心理学 [M]. 李朝旭等译. 北京: 世界图书出版公司
拿破仑·希尔. 2004. 成功是一种心态 [M]. 刘津译. 北京: 中国发展出版社
彭聃龄. 2004. 普通心理学(修订版)[M]. 北京: 北京师范大学出版社
任俊. 2008. 积极心理学 [M]. 上海: 上海教育出版社
陶国福, 王祥兴. 2005. 大学生积极心理[M]. 上海: 华东理工大学出版社
维吉尼亚·萨提亚. 2015. 萨提亚家庭治疗模式 [M]. 北京: 世界图书出版公司
吴建玲. 2007. 大学生心理健康与心理素质 [M]. 广州: 华南理工大学出版社
吴永波. 2002. 大中学生宽恕内涵认知及宽恕风格发展的实证研究 [D]. 云南师范大学
肖兆飞, 潘广荣. 2009. 大学生心理健康辅导教程 [M]. 成都: 西南财经大学出版社
许慎(汉)撰. 徐铉(宋)校定. 2004. 说文解字[M]. 北京: 中华书局
严文华. 2009. 和自己的心在一起[M]. 北京: 中国轻工业出版社

杨敏毅，鞠瑞利. 2006. 学校团体心理游戏教程与案例 [M]. 上海：上海科学普及出版社

姚本先. 2012. 大学生心理健康教育 [M]. 合肥：安徽大学出版社

余一. 2010. 做最棒的自己 [M]. 北京：中国华侨出版社

詹启生. 2005. 成功心理学 [M]. 天津：天津大学出版社

张姝玥，许燕，杨浩铿. 2010. 生命意义的内涵、测量及功能[J]. 心理科学进展, (11)

郑洪利. 2005. 大学生心理素质训练教程 [M]. 上海：上海交通大学出版社

郑日昌. 2008. 情绪管理压力应对 [M]. 北京：机械工业出版社

中国社会科学院语言研究所词典编辑室. 2006. 现代汉语词典 [M]. 北京：商务印书馆

Enright R D, Santos M J, A1-Mabuk R. 1989. The adolescent as forgiver [J]. Journal of Adolescenee, (12)

Flavell J H. 1979. Metacognition and cognitive monitoring: A new of cognitive development inquiry. American Psychologist, 34: 906-911

Santrock J W. 2008.心理调适 [M]. 王建中等译. 北京：高等教育出版社